KB246803

청소년을 위한
수학자 이야기

ISETSU SUGAKUSHA RETSUDEN

by Tsuyoshi Mori

Copyright ⓒ Tsuyoshi Mori 2001.

All rights reserved.

Original Japanese edition published by CHIKUMASHOBO LTD.

This Korean edition is published by arrangement

with CHIKUMASHOBO LTD., Tokyo

in care of Tuttle-Mori Agency, Inc., Tokyo

through Yu Ri Jang Literary Agency, Seoul.

이 책의 한국어판 저작권은 유·리·장 에이전시를 통한 저작권자와의 독점계약으로 '(주)살림출판사'에 있습니다.
저작권법에 의해 한국 내에서 보호를 받는 저작물이므로 무단 전재와 무단 복제를 금합니다.

세상을 바꾼
수학 천재들의
욕망과 좌절

청소년을 위한
수학자 이야기

모리 쓰유시 지음 | 김경은 옮김

살림Friends

내가 쓴 것은 '허섭스레기 같은 수학책'이다. 수학자들은 때론 비극적이고 때론 희극적이다. 사실 사람은 모두 나이가 들어 죽을 때는 비극적이지만(만약 젊어서 죽는다면 더 비극적이겠지만) 몇십 년, 몇백 년이라는 시대를 두고 그 모습을 바라보면 희극적이기 때문에 이 점은 분명하다.

보통 과학자를 다룬 전기를 읽어 보면 거의 대부분 "훌륭한 사람도 특이한 성격을 갖고 있다."라는 식으로 표현되어 있다. 나는 이런 부분이 마음에 들지 않았다. 조금은 특이한 성격을 갖고 있는 평범한 사람, 즉 "특이한 사람이라도 훌륭한 면이 있다."라고 표현하는 것이 좋지 않을까? 이러한 역발상으로 "수학은 허섭스레기 같은 사람들이 만들었다."는 대명제를 주장하고 싶었다.

나는 수학자를 서열화해서 순위를 매기지 않고 내 마음대로 차례를 정했다. 칸토르(Georg Cantor)처럼 위대한 수학자도 넣고 싶었지만 정신병원에 들어간 경위 같은 중요한 이야기를 잘 몰랐기 때문에 아쉽지만 생략했다. 앞부분에 그리스 수학자가 몇 명 나오고, 중국과 이슬람 수학자는 다루지 않았다. 대체로 수학자가 몰려 있는 유럽에 치중했다.

유럽은 부분적으로 공백이 있지만 '수학자를 통한 유럽 500년사'와 같은 느낌이 나도록 썼다. 각각의 이야기는 완전히 독립되어 있으며 '수학'이 아니라 수학자의 '인간적인 면'에 초점을 맞추었다. 예전에 쓴 『수학의 역사』에서는 수학을 3,000년 이상이나 된 생명체로 바라보았지만 이 책에서 수학은 부차적인 것일 뿐이다. 물론 수학자에 관한 이야기이기 때문에 수학에 결박되어 있지만 그보다도 "수학자가 어떻게 살았는가?"에 가치를 두었다. 복잡한 수학 얘기는 거의 없으므로 독자들이 '수학'이라는 점에 신경 쓰지 말고 편안하게 읽었으면 한다.

모리 쓰요시

PLANISPHÆRIVM

V
E
C
P

차 례 |

탈레스
Thales

피타고라스
Pythagoras

기원전	
582?	에게 해 사모스 섬에서 출생
532?	남부 이탈리아로 이주
?	크로톤(지금의 크로토나)에 도덕 · 정치 아카데미를 세움
?	메타폰티온으로 이주. 그곳에서 생애를 마침
?	지구가 구형(球形)임을 확신함
?	중심화(中心火) 주위에 지구와 태양, 기타 행성이 원 궤도로 회전한다는 일종의 지동설을 제창했으나 인정을 받지 못함
497?	사망

닭으로 태어난 수학자

수많은 신화와 전설이 존재했던 고대 그리스 시대에 활동한 탈레스를 수학자의 시초라고 한다.

탈레스는 일식을 예언한 것으로 유명한데, 어느 날 천체를 관측하다가 너무 몰두하여 발밑에 있는 웅덩이에 빠지고 말았다. 그 모습을 보고 있던 트라키아의 한 소녀는 깔깔 웃으면서 "천체의 신비는 찾으면서 정작 자기 발밑은 못 보네요."라며 비웃었다고 한다. 하지만 세스토프(Lev lsakovich Shestov)는 이 일화를 두고 "과연 그 트라키아의 소녀가 자신의 마음에서 균열하는 실존의 심연을 자각하고 있었을까?"라며 '불안의 철학'을 이야기했다.

플루타르코스(Plutarchos)가 쓴 『영웅전(Bioi parallēloi)』

에서 탈레스는 아테네의 입법자 솔론(Solon)의 동료로 나온다. 플루타르코스는 솔론이 남색(男色) 금지법을 만들어놓고 정작 본인은 어린 남자 아이를 데리고 다닌다는 사실을 언급하면서도 솔론이나 탈레스처럼 항해를 많이 하는 문화 유통업자의 위험수당으로 그것을 변호했다. 하지만 탈레스가 게이였다는 기술은 없다. 다만 플루타르코스의 『윤리론집(Ethica)』을 보면 탈레스가 어느 소녀에게 키스를 했다는 이야기가 나온다.

그에게 처자식은 없었던 것 같다. 밀레투스를 방문했던 솔론이 그 사실을 비난하자 탈레스는 온 마을에 솔론의 아들이 죽었다는 헛소문을 냈다. 그러고는 슬퍼하는 솔론의 손을 잡고 "당신 같은 사람도 이렇게 약해지지 않소? 그래서 나는 처자식을 두지 않은 것이오. 그러나 안심하시오. 다 헛소문이니."라고 웃으면서 말했다고 한다.

이 외에도 탈레스에 관한 일화는 많다. 하지만 대부분이 당시의 상황과 관계없이 '현인 탈레스'에 관한 이야기이므로 그 일화들을 모은다 한들 아무 의미가 없다. 탈레스가 살았던 밀레투스는 소아시아(터키)에 있는 이오니아 지방의 중심 도시로 아테네와 관계가 깊었다. 그리스 본토와 비교

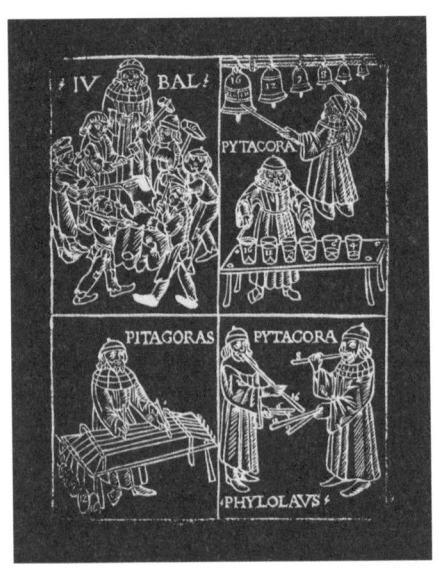

▶ 음악에 공헌한 피타고라스를 찬양한 중세의 목판화

하면 이오니아는 그리스 식민지의 국경이었고 페르시아 세력과의 접경 지역이기도 했다. 페니키아와의 관계를 생각하면 지중해 문명이 발생한 요충지라고도 할 수 있다. 그리고 탈레스가 사망한 후에 일어난 페르시아 전쟁 시기에는 그리스와 페르시아의 두 세력 사이에서 기회를 엿봤으며 펠로폰네소스 전쟁에서도 미묘한 정치력을 발휘했다.

탈레스는 삼각형의 합동정리를 발견했으며 이집트로 여행도 갔다. 그래서 그리스 기하학이 이집트에서 기원했다는 설이 있다. 사실 여부에 상관없이 이집트 수학이 어떤 형태로든 그리스 수학에 영향을 미쳤던 것은 분명하다. 그러나 이집트 수학이 특정 학자나 학문으로 전승된 것 같지는 않다.

당시의 '현인'은 모험과 쾌락을 모두 추구한 마을의 유력자가 아니었을까? 그리스 본토 이상으로 이오니아의 불안정한 정세는 현인에게 모험과 쾌락을 추구하도록 강요했을 것이다. 탈레스는 기상 관측을 통해 곡물류 시세를 예측하여 큰 이익을 얻었고, 지적 쾌락을 위해 추구하고 있던 학문을 이용했다. 흥미로운 이오니아의 '현인'상(像)이라고 할 수 있다. 자유롭고 다채로운 발상으로 평가되는 그리스 자연학은 이런 풍토에서 태어났다.

전설의 시대가 학파의 시대가 된 것은 피타고라스 때부터다. 아리스토텔레스(Aristoteles)는 피타고라스학파에 대해 '수학을 연구하며 교육받았기 때문에 수학의 모든 원리가 모든 사물의 원리여야 한다고 생각했을 정도로 과학을 발전시킨 최초의 사람들'이라고 칭송했다.

플루타르코스는 로마의 입법자 누마(Numa Pompilius)와 관련해 피타고라스를 언급했다. 탈레스와 피타고라스가 각각 아테네와 로마의 기원과 관련이 있다는 이야기는 조금 작위적인 느낌이 든다. 이 설에 따르면 누마의 정치는 피타고라스의 철학을 기초로 하고 있으며, 로마법은 피타고라스에 뿌리를 두고 있다. 스키피오(Publius Cornelius Scipio)도 피타고라스 가문의 피를 이어받았다는 이야기가 있다.

그런데 왜 '로마 수학자'라고 하지 않고 '그리스 수학자'라고 할까? 우선 피타고라스는 이오니아의 사모스 섬 출신이며 이오니아 자연학의 후계자였다. 당시 이오니아 지방은 페르시아 세력 아래 있던 시기여서 피타고라스는 이탈리아로 건너가 자신의 교단을 만들었다. 이탈리아의 모든 학파는 그리스 철학의 기원이 되며, 아리스토텔레스가 엘레아 학파를 별로 인정하지 않고 피타고라스학파를 치켜세웠기 때문에 완전히 '그리스 철학가'로 명명된 것이다.

교단은 정치적·종교적 당파인 만큼 몇 가지 금기가 있고 신비주의 색채도 띠었다. 교주에 대한 전설도 있었다. 피타고라스가 신을 모시는 자와 함께 전 세계를 여행하기도 하고, 석가모니와 윤회 사상을 토론하기도 했다는 웅대한 전설까지 있다. 그리스 종교로는 이단적인 오르페우스교가 이탈리아에서 전파된 것과 관계가 있을지도 모른다. 이런 면에서 하프를 들고 방랑하는 오르페우스와 피타고라스의 모습을 겹쳐 생각하면 재미있다.

쇠 냄비 사용을 금기시하거나 철광석과 비슷한 오각형 별문장(紋章)을 보고 이탈리아 철광산을 근거지로 한 '철기 사용자 공동체'가 있지 않았나 추측하는 사람도 있다. 종파가 성립될 때 가혹한 환경 속의 폐쇄 집단이 공동 이익을 추구하는 것은 자연스러운 일이기 때문에 청동기 문화에서 철기 문화로 이행하는 역사의 문맥에 비추어보면 이런 생각을 할 수도 있겠다.

피타고라스학파의 가르침은 수(자연수)와 조화(비)에 기초를 두고 있다. 그래서 음계 이론을 통해 시공에 대한 철학의 이치를 논했고 동시에 수를 신성하게 여기는 비공개 의식을 치르기도 했다. 특히 콩을 먹는 것을 금기했는데, 원의 중심 대칭성에 유래하는 조화를 중요하게 생각했기 때문이라고 한다. 하지만 서아시아 지역의 농업 문화와도 관련이 있어 보인다.

비(比)의 사상은 이집트 분수의 연장선상에 있다는 의견도 있지만 바빌로니아의 수론 계보에 속한다는 의견도 있다. 개수에 가치를 둔 피타고라스학파를 유클리드 기하학을 대표하는 연속량의 도형적 표현에 대해 바빌로니아 수학과 관련 짓는 것도 이 때문이다. 유클리드의 비례론과 바빌로니아 수학을 연관 짓는 것은 어느 정도 설득력이 있다. 그리스 후기에 귀족의 기하학과 서아시아계의 계산 노동자 집단이 함께 존재했다는 설도 있기 때문이다. 그러나 나는 바빌로니아 소수(素數)와 피타고라스학파는 발상이 다르고, 소수가 그리스로 이입된 시기는 더욱 훗날이라고 생각한다.

나는 피타고라스학파의 분위기를 좋아한다. 그래서 이오니아 합리주의를 향한 피타고라스 신비주의의 반동이라는 식의 교조주의 사관은 별로 받아들이고 싶지 않다. 콩 세 개, 네 개, 다섯 개를 직각삼각형으로 배열한 피타고라스의 정리를 발견하고 신전에 소를 바쳤다는 이야기는 후세 사람들이 꾸며낸 이야기에 불과하지만 나는 이런 피타고라스학파에 매력을 느낀다.

피타고라스의 정리에 따르면 직각이등변삼각형의 빗변은 정수로 표현할 수 없다. 이 사실을 발견한 사람은 이단으로 간주되어 지중해 깊숙이 수장됐다고 한다. 당파성의 주장이 이론을 만들어냈다는 점에서 아리스토텔레스와 함께 피타고라스학파를 칭송하지만 그러한 숙청에 대해서는 참을 수 없다.

피타고라스는 격렬한 당파 투쟁 끝에 다른 학파의 화염병 공격에 의해 사망했다고 전해진다. 훗날 루키아노스 (Lukianos)가 세계를 여행하던 중 닭이 눈물을 뚝뚝 흘리고 있는 모습을 보고 기이하게 여겨 물어보았다. 그랬더니 "나는 다시 태어난 피타고라스다. 예전에 콩 먹는 일을 금지했더니 이제는 콩을 먹어야 하는 신세가 됐다. 슬프도다, *꼬꼬댁 꼬꼬*."라고 한탄했다고 한다.

유클리드
Euclid

제논
Zenon

수학을 집대성하다

그리스 수학 하면 누구나 유클리드의 『원론(Stoikheia)』
을 떠올릴 것이다. 하지만 유클리드가 어떤 인물인지는 알
려진 바가 거의 없다. 프로클로스(Proklos, 5세기)가 살던 시
대에는 그리스 기하학이 완전히 주석학으로 전락했다. 프로
클로스는 유클리드를 프톨레마이오스(Ptolemaeos) 1세와
동시대인이라고 말한다. 왕이 "기하학을 더 쉽게 이해할 수
없는가?"라고 물었더니 유클리드가 "기하학에는 왕도가 없
습니다."라고 대답했다는 전설이 있기 때문이다. 아주 그럴
듯하게 들리지만 아마 후세 사람들이 꾸며 낸 이야기일 것이
다. 아랍인들 사이에서 전승된 유클리드에 대한 이야기는
거짓말이나 다름없다. 또한 『원론』을 유클리드가 쓴 것이 아

니라 '아폴로니우스'라는 목수가 썼다는 말도 재미있게 하기 위해서 꾸며낸 이야기일 뿐이다. 왜냐하면 아랍인들은 피타고라스를 솔로몬 왕의 제자로 만들 정도이기 때문이다.

프톨레마이오스의 알렉산드리아 왕국(이집트)이 그리스 지성주의와 이집트 신비주의를 더해서 둘로 나눈 것처럼 왕은 신성을 지녔기 때문에 근친상간도 가능했다. 예를 들어 클레오파트라는 남동생인 왕과 부부로 지내며 카이사르와 안토니우스와 놀아났다. 결국에는 독사에게 물려 죽었지만 지금도 미라를 파면 재앙이 생긴다고 전해진다. 그 때문인지 나는 유클리드의 험담만 쓰면 감기에 걸렸다.

프로클로스는『원론』을 히포크라테스(Hippocrates)가 계획하고 레온(Leon)과 테우디우스(Theudius)가 이어받아 유클리드가 완성했다고 하지만 이 이야기도 믿을 수 없다. 어쨌든 에우독소스(Eudoxos)의 비례, 테아이테토스(Theaitetos)의 무리수, 플라톤(Platon)의 정다면체를 축으로 했다는 설에서도 알 수 있듯이『원론』이 당시 수학을 집대성했다는 점만은 확실하다. 메가라에 유클리드라는 철학자가 따로 있어서 중세에 혼동하는 경우가 많았지만, 이름 높은 철학자를 핑계삼은 집단 노작(勞作)은 아니었을까 하는 추리도 있다.

이처럼『원론』은 수학의 몇 가지 흐름을 합친 것인데, 이를 하나의 수학 체계로 정리한 점은 가히 감탄할 만하다. 유클리드를 플라톤주의자라는 가정하에 그가 플라톤 다면체에 대한 완결을 이상으로 여기고『원론』13권을 썼다는 의견도 있다. 하지만 최근 연구에 따르면 각 권이 어느 정도는 독립적으로 씌었다고 한다. 그래도 플라톤 다면체는 중요시됐다.

플라톤주의는 '관념론'에 콤플렉스가 있어서 뭐든지 플라톤주의와 아리스토텔레스주의로 나누려는 경향이 있다. 『원론』에 나오는 작도 문제에서 아리스토텔레스적 경험주의를 찾으려고 했는데 유클리드의 작도는 모두 직접 존재를 증명하는 성격을 지니고 있었다.

이렇게 유클리드는 직접 증명법으로 존재를 정리했지만 "가장 큰 소수(素數)는 존재하지 않는다."는 것을 간접 증명하기도 했다. 귀류법의 기원은 아르키메데스가 일상적으로 사용한 것으로 유명한 에우독소스의 '착출법'이며, 이들의 기원을 탐구하며 그리스 변증법의 역사를 논했다.

어쨌든 피타고라스와 유클리드 사이에는 2세기라는 시간과 지중해라는 공간이 있었다. 그 사이에는 페르시아 제

▶ 이탈리아 화가인 라파엘로가 1509년에 그린 그림. 유클리드가 아테네 학당에서 컴퍼스를 이용해 도형을 그리고 있는 모습

국의 흥망, 아테네와 스파르타의 패권 경쟁부터 알렉산드로스 대왕의 대원정 등 수많은 사건이 발생했다. 그러나 이러한 역사는 이탈리아에서 시작된 것 같다. 플라톤이나 아리스토텔레스가 영향을 미쳤다는 점은 확실하지만 플라돈은 친구인 수학자 에우독소스와 마찬가지로 이탈리아에서 수학을 계승했다. 아리스토텔레스는 수학에 반발하여 플라톤에게서 멀어졌다는 속설도 있다. 하지만 그의 저서를 보면 '수학 정통파'로 에우독소스 일행을 지지하고 엘레아학파

를 멀리한 것을 알 수 있다. 이러한 이탈리아의 계보는 엘레아학파를 능가한다는 점에서 성립된 듯하다.

엘레아학파에서는 '수학자' 또는 '반(反)수학자'인 제논이 유명하다. 무한과 운동에 관한 네 가지 역설로 알려진 제논에 대해서는 많은 전설이 전해진다. 그는 최후에 사형을 당했는데 사형당하기 직전, 왕에게 꼭 말해야 할 비밀이 있다고 거짓말을 하고는 왕에게 접근해서 귀를 물었다고 한다. 그래서 그의 목이 베어졌는데도 머리는 왕의 귀에 달려 있었다고 한다. 또 왕 앞을 가로막고 서서 스스로 혀를 깨물어 왕의 얼굴에 뱉고 쓰러졌다는 일화도 있다.

제논의 역설 중에 유명한 것은 '아킬레스와 거북이 이야기'이다. 아킬레스가 먼저 출발한 거북이를 쫓아갔다. 드디어 거북이가 있던 지점에 아킬레스가 도달했을 때 거북이는 이미 전진해서 좀더 앞에 가 있었다. 아킬레스가 또 그 지점에 도달했지만 거북이는 더 앞에 가 있었다. 이렇게 계속 따라가 보지만 아킬레스는 영원히 거북이를 잡을 수 없는 것이다.

헤겔(Georg W. F. Hegel)은 엘레아학파를 '변증법'의 시초라고 말했다. 그리고 디오게네스(Diogenes)가 제논의 '아킬레스와 거북이' 역설을 듣고 직접 걸어서 문제에 대한 해답을 제시했다는 이야기를 다음과 같이 덧붙였다.

"제자 한 명이 이 반박에 만족하자 디오게네스는 그를 때렸다. 그 이유는 스승 제논이 논거에 근거하여 토론한 이상 논거에 근거해 반박해야 한다는 것이다. 사람은 감성에 따른 확실성에 만족하지 말고 개념적으로 파악해야 한다."

이것을 읽은 레닌(Vladimir I. Lenin)은 매우 기뻐했다고 한다. 그러고는 디오게네스 라에르티오스(Diogenes Laertios)나 섹스토스 엠페이리코스(Sextos ho Empeirikos)를 찾아가서 헤겔이 창작한 것 같다며 즐거워했다.

하지만 헤겔이나 레닌의 이러한 평가는 예외적이다. 제논은 정통적인 수학 사관 때문에 궤변가로서 가볍게 평가됐다. 소비에트의 수학사는 엥겔스(Friedrich Engels)나 레닌의 한두 마디 짧은 글을 끼워 넣으면서도 제논을 '관념론적 일탈'로 정리했다. 레닌의 호기심 많은 성격과 아카데미즘의 밋밋함이 대조를 보인다.

엘레아학파를 소피스트와 혼동하는 것은 논할 필요도 없다. 최근 들어 엘레아학파는 무한의 역설을 부정적으로 제기했다. 그래서 그리스 수학의 귀류법적 유한 논리를 형성했다고 여겼다. 소피스트의 근거지는 아테네지만 '민주화 운동의 기수'였다는 설도 있다. 그들은 평론가적 기회주의 성격과 저널리스트적 재능에 따라 '문화인의 원형'으로 간주된다. 소크라테스(Socrates)는 실제로 소피스트를 모태로 태어났을 것이다.

이탈리아의 정치적 · 종교적 종파 사이에서 격렬한 당파 투쟁이 있었다. 이론 투쟁을 할 때 대표자 교섭으로 담합하여 논쟁의 기반을 만든 것이 공리의 시초다.

이 외에 유클리드 기하의 저류에 그리스인 '기하학자'의 문화적 주도권의 근거가 있다고 보거나, 바빌로니아인 '계산자'의 이민족문화의 계승이 있지 않았을까 하는 로마네스크 사상도 있다. 확실히 『원론』의 어느 부분은 바빌로니아 수학과 대응된다.

『원론』은 인류 최고의 문화다. 그러나 현대인이 "이것이 바로 우리의 진정한 증명성이다."라고 나오는 뒷부분까지 읽기는 꽤 힘들다. 18세기경까지는 한 권을 읽는 데 1년이나 걸렸다고 한다. 그리스 시대도 그렇게 편하지는 않았나 보다.

이 점에서 나는 단호하게 프톨레마이오스 왕을 지지한다. 『원론』13권을 읽지 않고는 수학을 할 수 없다고 하면 대부분의 사람들은 "그럼 그만두지 뭐."라고 할 것이다. 수학에서는 항상 '왕도'를 구해야 한다. 하지만 유클리드 시대에서는 아무리 신권적인 왕이든, 매혹적인 여왕이든 "왕도가 없다."는 것은 엄연한 사실이다. 기하학에서 '왕도'가 모든 사람에게 해방된 것은 데카르트 이후부터였다.

아르키메데스
Archimedes

"내 도형을 밟지 마라!"

아르키메데스는 수학자 중에서 가장 초인적인 일화를

갖고 있다. 시라쿠사와 로마가 한창 전쟁 중일 때 시라쿠사

의 왕 히에론(Hieron)이 그를 불러서 돛대가 세 개 달린 군함

을 움직이라고 명령했다. 아르키메데스는 지렛대를 응용한

도르래를 사용했다. 그러자 사람과 화물을 가득 실은 군함

이 바다 위를 미끄러지듯이 달렸다고 한다. 그 덕분에 시라

쿠사는 포에니 전쟁에서 로마군을 물리쳤다.

또 로마 군 병사 위에 빠른 속도로 큰 돌을 떨어뜨려 대열

을 무너뜨리고 로마의 군함에 철 모서리를 박아서 바다 속으

로 가라앉게 만들었다. 갈고리로 선장을 끌어올려서 빙글빙

글 돌려 바위에 부딪치게 했으며, 배를 공중에 매달아 회전시

켜서 선원들 모두를 떨어뜨렸다고 한다. 로마의 함대가 달아나자 육각경과 사면경을 조합시킨 기묘한 장치로 햇빛을 모아 멀리 떨어져 있는 로마 함대를 잿더미로 만들기도 했다.

로마의 장군 마르켈루스(Marcus C. Marcellus)는 아르키메데스를 100개의 팔을 가진 거인 브리아레오스(Briareus)에 비유했다. 이처럼 아르키메데스에게는 '최고 기술자'와 '최고 수학자'의 모습이 공존했다.

어느 날, 아르키메데스는 히에론 왕으로부터 왕관에 들어 있는 금의 성분을 알아내라는 명령을 받았다. 방법을 골몰하던 아르키메데스는 욕조에 들어갔다가 물이 흘러넘치는 것을 보고 측정 방법을 알아냈다. 그 즉시 목욕탕에서 발가벗은 채로 뛰어나와 "알아냈다!"라고 외쳤다는 이 이야기는 유명하다. 하지만 명상에 빠지면 목욕탕에도 가지 않았다는 일화도 있다. 또 당시에는 목욕탕에서 나오면 기름을 칠하는 풍습이 있었는데, 아르키메데스는 자신의 몸에 기름을 칠하다가 기하 문제를 생각해내기도 했다.

시라쿠사는 모략에 빠져 축제 날 함락당했는데, 그때 아르키메데스는 집에서 도형을 연구하고 있었다. 그래서 로마군이 침입한 것도, 마을이 함락된 것도 알지 못했다. 결국 소환을 거부하다가 로마 병사에게 검으로 사살됐다고 한다. 그때 "내 도형을 밟지 마라!"고 외쳤다는 이야기도 있다.

그런데 이런 일화들은 너무나 그럴싸해서 왠지 믿음이 가지 않는다. 인간으로서는 불가능한 기술을 가진 사람이 마치 속세를 떠난 사람처럼 진리에 몰두하고 있었다니 만화에나 나오는 과학자의 모습이 아닌가? 지금의 상식으로 생각하면 그의 기술이 비현실적인 만큼 진리의 사제 같은 그의 생활 태도 역시 작위적인 느낌이 든다. 신화 작가가 과학자에게 마술사와 같은 초인적인 능력을 부여하고 그것을 보상받기라도 하듯 현실 감각을 빼낸 것은 아닐까? 현대의 보통 수학자들도 경우에 따라서는 무언가에 몰두하면 깜빡하는 일이 있지만 그런 일이 미담이라고는 할 수 없다. 어쨌든 마을을 발가벗고 달렸다는 것은 인간의 억압된 잠재적 원망일 수도 있다. 그런 점에서 이 일화는 잘 만들어진 셈이다.

아르키메데스의 업적은 에라토스테네스(Erathosthenes)와 도미티아누스(Titus F. Domitianus)에게 보낸 서간 형태로 전해지는데 자기 자신을 절제할 줄 아는 사람의 문체로 씌었다. 아르키메데스는 『모래 계산자』에서 대수학자 에우독소스와 함께 아버지 피디아스를 언급했는데, 보크너

▶ 아르키메데스의 글을 기록한 양피지.
10세기 비잔틴 제국의 사본이다.

(Salomon Bochner)는 이 내용을 읽고 효자라며 감탄했다.

아르키메데스는 시칠리아 섬의 시라쿠사에서 천문학자 피디아스의 아들로 태어났다. 그는 시라쿠사의 왕 히에론의 일가이기도 했다. 아르키메데스는 알렉산드리아에서 공부하면서 에라토스테네스와 친분을 맺었다. 만약 유클리드가 실제로 존재했다면 아르키메데스가 늙었을 때나 사후에 등장했을 것이다.

아르키메데스의 역학은 이탈리아의 수학자 아르키타스(Archytas)나 에우독소스의 계보에 속한다. 플라톤은 이 두 사람에게 수학을 배웠음에도 불구하고 역학을 비난하고 관념적 사고 능력을 물질적 감각으로 떨어뜨려 기하학을 비천한 기술로 전락시켰다. 그래서 역학은 기하학에서 배척되고 철학은 기술을 모욕했다. 이런 점에서 아르키메데스도 '세상에 도움이 되는 것은 학자의 수치'라는 풍조에 가담해야 했다. 그리고 역학의 응용이나 실용 기술을 비천한 것으로 생각하고 무상의 미와 고귀함에만 가치를 두었다. 그럼에도 부력과 지렛대법칙은 기술과 결합되어 매우 강력한 무기를 낳았다. 나일 강의 물을 퍼 올리는 관개기도 그가 발명했다고 한다.

여기에서 그리스인들이 생산을 멀리했다고 비난하는 것은 옳지 않다. 현실성을 차단하여 학문의 완결성을 보증하는 것은 있을 수 있다. 특히 그리스의 학문 형성에 이 점이 작용했다는 사실은 분명하며 인류에게 처음으로 '기하학(=수학)'을 선사하기도 했다. 그렇다고 그리스의 '미와 고귀함'을 열렬히 옹호하는 것도 어리석은 일이다. 그것은 일종의 '시대 모순'이다. 아르키메데스는 기하학에만 가치를 두면서도 기술을 발명했다. 이를 두고 생산 기술에 대한 관심이라고 말할 수는 없다. 아르키메데스는 인생을 모순적으로 살았다. 언젠가 나는 르나르(Jules Renard)의 "앗, 나는 어떻게 달걀을 낳았을까?라고 한 암탉."이라는 짧은 시를 읽었는데 그때 아르키메데스가 떠올랐다.

그러고 보면 아르키메데스의 수학 자체가 모순덩어리다. 그의 구적법은 에우독소스의 '착출법'을 사용한 것과 데모크리토스(Démocritos)의 무한소와 관련된 역학적 고찰이 있다. 둘 다 극한과 적분의 시초를 포함한다. 또 『모래 계산자』는 십진법 구조의 원리를 통해 지수 법칙의 시초를 내포하고 있다. 그와 동시대 사람인 아폴로니오스(Apollonios)의 좌표 개념의 시초까지 합치면 이 시대에 이미 1800년 후의 유럽 근대 수학이 나타났다고 할 수 있다.

그러나 그리스는 유럽과 반대였다. 그리스의 기하학은 무한, 변화, 양적 기술을 기피하면서 성립됐다. 엘레아학파나 바빌로니아 수학이 그리스 수학의 근본이 되면서도 부정적 매개로 자리매김한 것도 이 역사적 문맥 때문이다. 문득 그리스 수학사의 변증법을 구현한 '모순적 인간' 아르키메데스가 떠오른다.

나는 아르키메데스가 시대를 초월하여 유럽의 근대를 예상했다고는 생각하지 않는다. 오히려 그는 '시대의 아이'였기 때문에 '모순적 인간'이었던 것 같다. 그리스의 학문적 한정에 충실했기 때문에 그 대립물을 낳았고, 고전 시대 최고의 위치에 설 수 있었다.

포에니 전쟁은 로마가 지중해를 제패하는 출발점이 됐다. 그리스 수학은 로마 시대에 적어도 몇 세기 동안은 발전했다. 그것은 그리스 수학이라는 틀 안에서 어느 정도 실질을 동반한 발전이기도 했다. 그러나 아르키메데스보다 높은 경지에 오를 수는 없었다. 학문적 생산성을 유지하여 내실을 기했지만 그리스의 해는 점점 지고 있었다. 몇 세기 후에 알렉산드리아가 멸망하자 이를 두고 잃어버린 그리스에 대한 모독이라고 한탄하는 목소리가 있었다. 하지만 이미 땅거미가 지고 난 뒤의 일이었다. 이렇게 해서 새로운 문화는 이슬람 세계로 옮겨 갔다. 그리고 1000년 후 지중해에 다시 해가 떠올랐다.

여기서 '문화의 마성(魔性)'에 대한 교훈을 얻는다. 문화는 그 나름대로 한정이 있어야 한다. 물론 한정 속에서 자기 성장이 이루어진다고 해서 문화가 발전한다는 보장은 없다. 한정은 머지않아 없어지겠지만 그렇다고 새로운 싹이 탄생한다고도 할 수 없다. 그럼에도 불구하고 '문화' 안에서 살고 있는 한 그것을 대상화하여 탈출하기보다 그 모순을 받아들여야 한다.

그리스 수학에서 아르키메데스는 이러한 모순적 양상을 띤다. 그러고 보니 나도 모순적인 현대를 살며 지금도 시칠리아에 마피아가 있다는 등 어이없는 생각을 하기도 한다. 아무래도 요즘에는 아르키메데스 전설보다 마피아 전설이 더 흥미로울 것이다.

지롤라모 카르다노
Girolamo Cardano

니콜로 타르타글리아
Niccolò Tartaglia

3차방정식 대결

16세기 이탈리아에서 최고의 의사, 최고의 자연 철학자, 최고의 수학자, 최고의 연금술사, 최고의 점성술사, 최고의 수상술사, 최고의 마술사, 그리고 최고의 도박사라고 소문 났던 사람이 있었으니 그가 바로 카르다노이다. 그래서 그 의 파란만장했던 인생을 쓴 자서전 『나의 생애』는 아주 유명 하다.

자서전은 어느 창녀가 낙태에 실패하면서 이야기가 시 작된다. 이때 태어난 아이가 카르다노였고, 아이의 아버지 는 밀라노에서 법률가로 활동했다.

16세기 이탈리아는 르네상스 시대 말기였다. 이즈음 밀 라노 공국은 일 년 내내 마을에서 프랑스 병사와 독일 병사가 싸웠다. 카르다노는 파비아 대학과 파도바 대학에서 공부했다. 이후 파도바 대학에서 학장으로 선출됐다. 르네상스 시대, 도시로 흘러들어 온 실업자들이 지식층이 되어 의사, 변호사, 목사 등 다른 사람을 속이는 장사를 하기 위해 이탈리아의 대학에 의학부, 법학부, 신학부를 만들었다. 좀더 사기꾼 같은 사람은 진정으로 남을 속이는 교사가 됐다. 이탈리아 대학은 학생들을 관리했고, 학장은 '자치회 위원장'이었다.

카르다노는 20대에 의사가 되어 시골에서 살았지만 아내의 지참금을 밑천삼아 도박에 발을 들여놓기 시작했다. 그러던 어느 날 카르다노의 아들이 엄마의 부정(不貞)을 알고 독살을 한다. 이때 카르다노는 직접 자기 자식을 고발했다. 이 일은 당시 큰 사건으로 전해지기도 했다. 참 복잡한 가족 관계다.

30대에는 밀라노로 옮겨와 대학에서 수학을 가르쳤다. 이 시대는 매우 소란스러웠는데 괴상한 인물 카르다노에게는 안성맞춤이었다. 르네상스 시대의 대학에서 박사란 많든 적든 파우스트 박사를 연상케 했다. 하지만 카르다노는 아베로에스학파의 폼포나치(Pietro Pomponazzi)의 마술 계승자였고, 17세기에 툴루즈의 화형대에서 죽은 바니니는 카르다노파(派)의 마술사로 간주됐다고 한다. 그러나 16세기의 '자연 과학'이란 '자연 마술'이며, 근대 과학이라고 해도 그것은 마술이 아닌 연금술이나 점성술에서 생긴 것이다.

당시의 수학은 일종의 '기술'이어서 기술을 쌓아두는 것이 힘의 상징이기도 했다. 그래서 많은 상금을 내건 공개 시합이 열리곤 했다. 일종의 '무예의 세계'라고 할 수 있지만 다행히 피를 흘리는 일은 없었다.

카르다노는 그런대로 정통적인 수학자였지만, 그보다 더 늑대 같은 인물이 있었으니 그가 바로 카르다노와 동년배인 타르타글리아였다. 그는 타르타글리아와 니콜라 폰타나라는 두 가지 이름을 사용했다. 타르타글리아는 말더듬이라는 뜻인데, 어릴 때 프랑스 병사에게 혀를 다쳐 발성이 자유롭지 못해 붙여졌다고 한다. 그 이후로 두 가지 이름을 썼다.

타르타글리아는 전쟁 때문에 알파벳을 K까지밖에 못 배워 L부터는 독학으로 외웠다고 한다. 근처에 있는 묘지에 가서 묘비를 보며 알파벳과 수학을 익히고 묘비에 계산을 새겨서 수학을 습득했다.

그는 20대부터 수학을 가르쳐서 돈을 벌었고, 30대부터는 3차방정식을 연구하며 대(大)수학자로서 길을 걷기 시작했다. 당시 시합의 대표적인 과제는 방정식을 익히는 것으로, 3차방정식이 승부를 가르곤 했다.

3차방정식을 푸는 문제는 탐미적인 이슬람 시인 오마르 하이얌(Omar Khayyām)이 알아냈다고 하여 아라비아 건너의 비법으로 여겼다. 16세기 초반에는 볼로냐의 박사 시피오네 델 페로(Scipione del Ferro)가 해법을 생각해냈다. 그러나 그에 자극을 받아 베로나 대학에서 베네치아 대학까지 전전한 타르타글리아는 수학자의 명예를 걸고 페로에게 도전했다. 그때 타르타글리아는 35세였고, 페로는 이미 죽어서 그의 수제자인 피오르가 방법을 전승받았다. 피오르는 타르타글리아를 향해 "근본도 모르는 시골뜨기 수학자가 3차방정식을 푼다니 웃음을 금치 못할 일이다."라며 비웃었다. 이 이야기를 들은 타르타글리아는 승부 근성을 불태웠다.

이야기가 마치 무용담처럼 흘러가는 듯한데 전해시는 이야기가 그렇기 때문에 어쩔 수 없다. 어쨌든 도전은 했지만 타르타글리아에게 승산이 있었던 것은 아니었다. 그는 도전장을 공개한 후 목욕재계를 하면서 승리할 수 있는 해법을 생각하는 데 온 힘을 쏟았다. 그리고 시합 열흘 전에 하늘

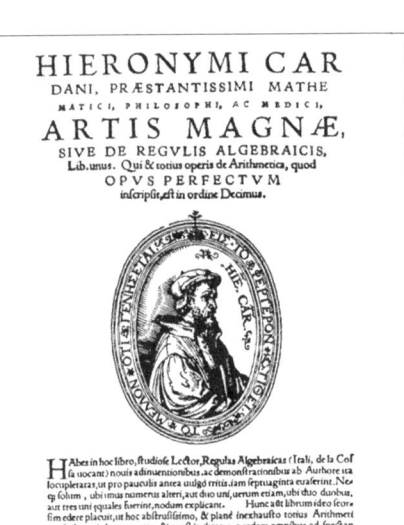

▶ 1545년에 카르다노가 발표한 『위대한 기예』

의 계시를 받아 드디어 3차방정식의 '일반 해법'을 발견했다. 시합 당일 공증인 앞에서 선서한 후 30개의 문제를 교환했는데 타르타글리아는 순식간에 문제를 모두 풀었고 피오르는 얼굴이 창백해져 도망쳤다고 한다.

타르타글리아가 생각해낸 방정식 해법을 손에 넣으려고 한 사람이 바로 카르다노였다. 그는 자신의 세력을 배경으로 당근과 채찍을 이용해 기어코 해법을 알아냈다. 타르타글리아를 고귀한 사람이라고 꾀어서 하느님과 자신의 양심을 걸고 비밀을 엄수하겠다고 계약까지 했다.

그러나 카르다노는 파도바 대학의 정교수가 되자 그 계약을 깨고 자신이 쓴 『위대한 기예(Ars Magna)』에 타르타글리아의 해법을 공개해버렸다. 이 일은 이후 자본주의 시대가 되어 '발견의 권리'를 침해한 것처럼 오해받았는데, 해법 공개 그 자체가 타르타글리아의 힘을 빼앗는 것이었다.

몇십 년 전, 한 서평지에서 어느 시인의 표절 문제를 다루었는데 재미있는 의견들이 실려 있었다. 시인은 외국 현대시를 베낀 사실이 적발되자 "그러고 보니 그 시에 감동한 기억이 난다. 그 기억은 지금까지 내 가슴 속에 각인되어 있었고, 이미 내가 느낀 과거의 감동이 작품을 통해 드러났을 뿐이다."라고 태도를 바꿔 이야기했다. 이 사건의 결말을 보고 "『햄릿』이나 『파우스트』도 셰익스피어나 괴테의 창작이 아니라 중세 이래로 전승된 이야기가 아닐까? 표절이 없던 시대의 문화는 전승된 것이 아닐까?" 하는 생각이 든다. 그러나 카르다노의 사건은 파우스트보다 전 시대의 일이며, 카르다노의 저서에는 타르타글리아의 이름이 기록되어 있는 것으로 보아 해법을 폭로한 것은 분명 불신 행위이다.

화가 난 타르타글리아는 카르다노에게 공개 시합을 하

자고 도전장을 냈다. 하지만 45세의 타르탈리아 앞에 나타난 사람은 카르다노의 애제자인 23세의 청년 페라리였다. 페라리는 부드러운 목소리와 명랑한 얼굴, 신의 재능과 악마의 성격을 지녔고 스승 카르다노보다 수학적 재능이 훨씬 뛰어났다. 『위대한 기예』에는 페라리가 알아낸 4차방정식의 일반 해법이 기록되어 있다. 그는 볼로냐에서 태어났다는 말도 있고 밀라노에서 태어났다는 말도 있다. 어렸을 때부터 카르다노에게 배웠는데, 이 무렵에는 이미 수학으로 출세했다. 그는 독살당해 죽었는데, 범인이 여동생이라는 설과 여동생의 정부(情夫)라는 설이 있다.

시합은 페라리가 압도적으로 승리하여 타르타글리아는 쓸쓸하게 시합장을 떠났다. 그러나 타르타글리아를 펀드는 사람들은 카르다노가 청중 속에 자객을 심어 놓아 이를 눈치챈 타르타글리아가 위협을 느껴 패한 것이라고 주장하기도 한다.

유럽에서 근대 수학이 등장한 것은 카르다노 이후부터다. 아라비아 방정식이 대수식의 법칙성에 관한 학문이 된 것도 카르다노 시대부터라고 한다. '기술'에서 '학문'으로 전환했다는 것은 근대의 출발을 뜻하는데, 이것을 마술사이자 도박사였던 카르다노가 해냈다.

　그 후 카르다노는 에든버러에 가서 스코틀랜드 주교의 난치병을 치유했고, 런던에서는 영국왕의 운성표를 만들었다. 50대에는 유럽의 모든 나라를 돌아다녔는데, 아마 당시의 지식인인 마술사이자 도박사에게는 정해진 코스였을 것이다. 『신기한 사실』이나 『여러 가지 사물』 등의 책은 이 시기에 썼다.

　60대에는 귀국하여 볼로냐 대학의 교수가 됐지만 70세에는 종교 재판에 끌려갔다. 죄상은 그리스도의 운성표를 만들었다는 것이었다. 카르다노가 외국 여행을 하던 시기는 마침 트렌트 회의가 있었고, 세기 전반의 복음주의에 대한 관용의 시대에서 세기 후반의 이단 심문의 시대로 전환하던 때였다. 그러나 추기경과 친해서 다행히 로마에 연금되는 것으로 마무리됐다. 이 시기에 『나의 생애』를 썼다. 카르다노는 75세가 되기 직전에 자신의 운성표에서 죽음을 예견했고 정말 예견한 그날에 죽었는데, 자살이었다고 한다.

요하네스 케플러
Johannes Kepler

1571	출생
1591	석사 학위를 받고 루터교 성직자가 되기로 결심
1594	오스트리아 그라츠에 있는 루터교 고등학교의 수학 교사가 죽자 튀 빙겐 대학 측에서 후임 교사로 케플러를 강력히 추천함
1595	수업 도중 정다면체의 기하학적 형태와 행성의 궤도를 연관시킬 수 있는 아이디어가 떠오름
1596	이 아이디어를 바탕으로 『우주 구조의 신비』 출간
1600	프라하 외각에 있는 베나테크 천문대의 연구원으로 초빙됨
1604	10월에 희귀한 현상인 화성·목성·토성의 합(合)을 관측하던 중 초 신성을 발견. 이후 17개월 동안 관측함
1609	『신천문학』에서 화성의 궤도가 타원이라고 주장
1613	재혼
1619	『우주의 조화』를 출판하여 태양과 행성 사이의 평균 거리와 타원 궤 도를 도는 동안 걸리는 시간과의 관계를 나타낸 케플러의 제3 법칙 을 설명
1620	어머니가 마녀로 몰려 재판을 받는다는 소식을 듣고 어머니를 변호 하여 화형을 면하게 함
1630	사망

수학자 겸 점성술사

과학을 박해하는 종교의 이미지를 가진 나라 하면 보통 이탈리아가 떠오른다. 갈릴레오 갈릴레이(Galileo Galilei)를 비롯하여 이탈리아의 박해가 어딘지 모르게 익숙한 느낌이 드는 데 비해 북유럽은 매우 참혹한 느낌이다.

케플러는 독일 남부에서 태어났다. 할아버지가 시장까지 역임하는 등 그럭저럭 괜찮은 집안이었다. 하지만 노름꾼인 아버지가 재산을 탕진해서 평생을 가난에서 벗어나시 못했다. 아버지는 여기저기 전쟁에 위병으로 나가 돈을 벌었는데, 플랑드르 전선에서는 알바 장군을 모시기도 했다.

그러나 고향 마을 바일로 돌아와서 술집을 차려놓고 또 노름을 하러 어디론가 떠나 버렸다. 어린 케플러는 누나가 길렀다. 누나의 남편은 어린 케플러의 노동력을 이용하려고 했지만 누나가 옆에서 지켜주었다고 한다. 그는 6세 때부터 학교에 다니기 시작하여 마울브론 수도원과 튀빙겐 대학 신학부에 별 탈 없이 진학했다. 신학을 공부하는 가난한 학생으로서 전형적인 길을 순탄하게 걸었다.

그러나 코페르니쿠스파의 메스트린 교수의 영향을 받아 신학자들의 반감을 샀기 때문에 승직을 얻지는 못했다. 그 결과 오스트리아의 그라츠 고등학교(김나지움)에서 수학을 가르쳤고 점성력을 만들기도 했다.

케플러는 『우주 구조의 신비』(1596)를 편찬하여 튀코 브라헤(Tycho Brahe)와 갈릴레이에게 보냈다. 튀코는 관심을 보였지만 갈릴레이는 흥미가 있어도 달갑지 않게 대했다. 이 책은 케플러가 평생 동안 일관했던 공상적 신비주의의 출발점이었다. 그런 점에서 그와 정반대인 현실적인 갈릴레이와 맞을 리가 없었다. 책의 내용은 코페르니쿠스의 태양 중심설을 지지하면서 행성의 궤도는 기하학적 정육면체를 포함했다. 즉, 지구의 궤도 구면에 외접하는 정십이면체는 화성의 궤도 구면에 내접하고, 화성의 궤도 구면에 외접하는 정사면체는 토성의 궤도 구면에 내접한다는 식이었다.

케플러를 '천문학자'나 '수학자'라고 하는데 사실 그는 수학적 우주론에 관심이 있었다. 그래서 자유분방한 공상력을 발휘하면서 대담한 이미지를 구축해나갔다. 대부분이 과장됐겠지만 그의 공상에는 인류 최초의 근대 수학과 근대 역학이 포함되어 있다. 그의 첫 작품은 '영혼'으로 가득 찼지만 25년 후 케플러 본인이 다시 보충 설명을 하여 그것을 '힘'으로 바꾸었다. 그리고 반세기가 지나 뉴턴의 보증을 얻어냈다.

이 무렵, 3세 연하의 젊은 미망인 바버라와 결혼한다. 하지만 그 이후는 불행하게 살았다. 어릴 때 이후 두 번째로 인생에 어둠의 그림자가 드리웠다. 사랑하는 아이가 죽고 아내는 발광했다. 그라츠 마을은 예수회의 지배를 받아 교주가 박해를 받았다. 케플러도 한때는 종교의 강요를 피해서 몸을 숨기기도 했다.

다행히 튀코의 도움으로 케플러는 프라하로 갔다. 당시의 황제는 점성술과 연금술에 빠져 있던 루돌프 2세였다. 튀코는 덴마크 귀족으로서 덴마크 왕과 불화가 생겨 프라하의 황실 천문대로 온 것이다. 튀코가 50세에 죽자 30세인 케플러가 그 뒤를 이었다. 가정 문제를 빼면 이 시기가 케플러의 인생에서 가장 안정적이었다. 이때 불후의 『신천문학』

(1609)을 집필했다.

여기서 모든 행성의 궤도는 타원형이라는 점을 발견하고 그것을 통해 '무한소해석(無限小解析)'의 싹이 튼다. 타원의 '초점'이라는 용어도 이 시기에 나왔다. 타원에 관한 연구는 튀코의 관측에 기초를 두었지만 동시에 케플러의 수학주의에 영향을 받은 것이기도 하다. 화성의 운행을 근거로 이 사실을 조사하는 데 5년이 걸렸다.

그러나 케플러의 생활은 파란의 연속이었다. 병든 아내는 두 아이를 남기고 세상을 떴으며, 루돌프 2세가 죽고 황제가 바뀌었다. 그 후 황실 천문학자의 봉급은 그리 만족스럽지 못했다. 그는 평생 동안 봉급자로 생활했다. 프라하 대학을 포기한 케플러는 오스트리아의 린츠 고등학교에서 일자리를 구했고 수잔느와 재혼했다. 그러나 40세의 수학 교사 케플러의 주 수입원은 점성술이었다. 물론 먹고 사는 문제도 있었지만 케플러는 원래 점성술사였다.

1619년에는 『우주의 기하학적 조화』를 필두로 구조론, 화성학, 심리학, 천문학을 다룬 『우주의 조화』 전 5권을 집필했다. 이 책의 서술은 실로 '피타고라스의 재림'이라고 표현할 수 있다. 행성의 운행과 화성법의 대응 원리가 마치 피타

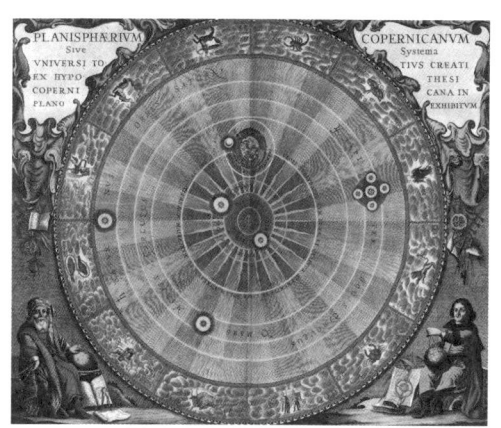

▶ 코페르니쿠스가 주장한 지동설을 형상화한 그림. 케플러는 이 그림을 보고 행성 궤도에 대한 연구 기반을 잡을 수 있었다.

고라스가 쓴 것처럼 기술되어 있다. 이 책에서 처음으로 '케플러의 제3법칙'을 발표했다. 물고기는 소금물에서 만들어진다, 혜성의 꼬리는 태양의 광압으로 생긴다, 별은 에테르에서 생긴다 등 신학과 과학이 현실과 공상 사이에서 교차됐다. 이것이야말로 케플러의 점성술이 지니는 참뜻이었다.

또 이 무렵에는 최초로 무한소해석을 장식하는 『포도주통의 입체기하학』(1615)을 편찬했다. 이 책에서는 아르키메데스가 정립한 방식이 아니라 무한소해석의 내용을 토대로 회전체의 부피를 구했다. 여기에서 아르키메데스의 '엄격성'을 무시한 점은 1세기 이상에 걸쳐 논쟁을 불러 일으켰고, '미적분학'이 완성된 후에도 논쟁은 계속됐다. 이 논쟁을 토대로 미적분학이 성립됐다고 할 수 있다.

중년의 케플러는 역사적 저작을 발표하면서 아르키메데스 신봉자들의 화를 돋았을 뿐 아니라 또 다른 문제에도 휘말렸다. 예전에 바일 술집의 여주인이었던 카타리나, 즉 케플러의 어머니가 마녀 혐의로 붙잡힌 것이다. 그녀는 이야기할 때 상대방의 눈을 보지 않는 버릇이 있었는데, 그 때문에 마녀라는 소문이 나돌았다. 그의 숙모도 마녀라는 죄로 화형됐는데, 다른 사람의 병을 민간요법으로 고쳤기 때문이라고 한다.

5년간 재판을 하며 투쟁한 결과 카타리나는 무죄 판정을 받았다. 아들이 변호사로서 법정에 섰기 때문이다. 그는 튀빙겐 대학에 손을 써서 어머니가 고문을 참고 자백하지 않으면 무죄 선고를 내리겠다는 약속을 받아냈다. 카타리나는 목숨을 걸고 고문실에 들어가야 했다.

케플러는 수잔느와 결혼하여 여덟 명의 자식을 낳았는데(40대 때의 일이다), 마녀 사건 이전부터 신교도에게 이단으로 박해를 받았다. 케플러 본인은 신교도로서 신앙이 매우 두터웠다고 하지만 튀빙겐에서는 신교도에게, 그라츠에서는 구교도에게, 린츠에서는 또 신교도에게 박해를 받았다. 이 시대에 종교 문제가 심하기는 했지만 그래도 케플러는 요령이 없는 사람이었나 보다. 고지식하고 자식이 많은 신교도, 그리고 공상의 나래를 펼치는 점성술사인 케플러의 사람 됨됨이가 가려진 것은 아니었을까?

그는 마녀의 아이라고 마을에서 따돌림당했고, 독일은 30년 전쟁에 휘말렸다. 50대가 된 케플러는 린츠에 있는 가족들을 먹여 살리기 위해 전쟁으로 황폐해진 독일 곳곳을 방황했다. 54세 때 린츠에서 쫓겨나 울름으로 갔다. 56세 때는 슐레지엔에서 발렌슈타인(Albrecht E. W. von Wallenstein) 장군에게 황실 봉급의 일부를 받고 장군의 점성술사가 됐다. 그러나 그 장군은 점성술보다는 전술을 믿는 현실파였다.

전쟁이 한창인 어느 가을, 늙은 몸을 말에 맡기고 린츠에서 레겐스부르크로 가던 60세의 점성술사는 "황실의 봉급을 받으러 간다."고 집념을 갖고 말했지만 추위와 굶주림은 그를 내버려두지 않았다. 어느 날 한 여관에서 유시 힌 장 남기지 않고 죽은 노인이 발견됐다. 그 노인이 지니고 있던 저서를 보고 그가 케플러인지 알 수 있었다고 한다. 그 후의 아내와 여덟 명의 자식들 이야기는 알려져 있지 않다.

르네 데카르트
René Descartes

침대 위에서 완성한 수학

하얀 깃털을 단 폭넓은 모자, 짙은 붉은색의 벨벳 외투, 딱 맞는 하늘색 방한용 속옷에 금장식 허리띠, 그리고 길고 가느다란 검 하면 아마 삼총사가 떠오를 것이다. 그러나 1620년경 데카르트는 그런 모습으로 파리의 거리를 돌아다녔다. 젊은 시절 데카르트의 여자친구였던 로제에 부인은 데카르트가 오를레앙 거리에서 그녀를 쫓아다니는 남자로부터 보호해주었다고 회상했다. 그리고는 "이 아가씨가 피를 보는 것을 싫어하니까 네 놈의 목숨은 살려 주겠다."고 큰소리쳤다고 한다.

그의 아버지는 브르타뉴의 고등 법원관, 즉 당시 세력을 넓힌 법조계 귀족층이었다. 병약한 어머니는 창백한 얼굴로 기침만 하다 젖먹이 데카르트를 남기고 세상을 떠났다. 그래서 그는 할머니와 유모 손에서 자랐다. 그가 53세의 나이로 사망했을 때 상속인이 바로 이 유모였다.

20세까지도 살 수 없을 거라던 병약한 남자 아이는 10세 때 예수회의 라 플레슈 기숙학교에 들어갔다. 교장이 친척이어서 병약한 몸을 핑계 삼아 아침까지 늦잠을 잤다. 최후의 불행한 기간을 제외하고 그는 평생 동안 아침에 눈을 떠도 침대에 누워 공상을 했다.

그는 푸아티에 대학에서 법학을 배우고 20세에 무사히 법학자가 됐다. 이 무렵에는 승마와 검술도 뛰어났고 사교계의 꽃으로 통해 술과 여자, 도박에 관해서도 남에게 뒤지지 않았다. 그러나 여전히 아침에는 침대에 누워 무언가를 생각했다고 한다.

1618년에 30년 전쟁이 시작됐는데 이때부터 데카르트는 무술 수업을 받기 시작했다. 그러나 실전으로는 프라하 주변에서 일어난 전쟁에 참여한 것이 전부였다. 아마 전쟁이나 싸움에는 별 관심이 없고 유럽 여기저기를 돌아다니는 것을 좋아했나 보다. 한 번은 엘베 강 입구에서 배를 탄 적이 있는데 그때 뱃사공들이 그 지방 사투리를 쓰며 손님을 죽이고 돈을 뺏자는 이야기를 우연히 듣고 검으로 그들을 협박하여 무사히 배에서 탈출했다는 일화가 있다.

그 후 데카르트는 나사우(Nassau) 공작 마우리츠(Maurits)를 따라 네덜란드의 브레다 마을로 갔다. 전쟁 때문이 아니라 '세상이라는 책'을 접하기 위해서였다. 그는 브레다 마을의 길거리에 게시되어 있던 수학 문제를 보고 옆에 있는 한 신사에게 네덜란드어로 번역을 부탁했다. 이 신사가 수학자 이자크 베크만(Issac Beckmann)이었다. 그래서 데카르트가 베크만에게 수학을 배웠다는 조금 과장된 이야기가 있다. 어쨌든 그 해에 데카르트가 베크만과 함께 낙체법칙을 연구한 것은 사실이다. 공상적인 만큼 덜렁대는 데카르트를 베크만이 도와 올바른 결론을 내도록 이끌어주었다. 그러나 데카르트는 나중에 또 덜렁대는 실수를 했는데, 이때가 의외로 갈릴레이적 자연관에 가장 가까웠던 시기였다.

1619년 호기심 많은 데카르트는 페르디난트 2세의 대관식을 구경하기 위해 프랑크푸르트로 갔다. 그리고 바이에른(Bavarian) 공작 막시밀리안(Maximilian)을 따라 울름에 머물렀다. 이 시기에 방 안에서 사색하며 새로운 철학과 수학을 구상했다. 이때 세 가지 꿈 이야기가 전해진다. 첫 번째

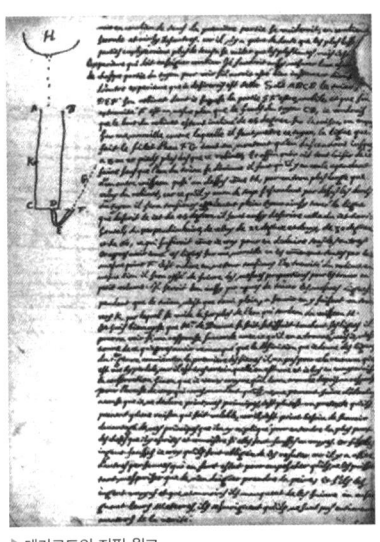

▶ 데카르트의 자필 원고

꿈에서는 악마의 바람으로 기존 질서의 평온이 폭풍을 맞고, 두 번째 꿈에서는 천둥소리와 함께 밝은 빛이 눈에 들어왔고, 세 번째 꿈에서는 "어떤 길을 찾아가야 하는가?"라는 시를 낭독했다는 신령스러운 꿈이었다. 하지만 술에 취해서 그런 꿈을 꾸었다는 이야기도 있다. 당시 독일에는 연금술사인 파라셀수스(Paracelsus)의 자연 마술을 연구하는 비밀 결사 단체가 있었다. '장미 십자회'라는 단체였는데 데카르트는 여기에 관심을 보였다. 나중에 군대에서 비밀 결사원의 혐의로 추궁을 받았다고 하지만, 이것은 분명 군대에서

얻은 또 하나의 수확이었다. 푸아티에에서는 예수회의 스콜라 철학을 배웠고 브레다 마을에서는 갈릴레이식 자연학, 그리고 울름 마을에서는 자연 마술의 전통을 배웠다. 수학적 신비주의자였던 케플러와는 울름에서 스쳐 지나갔지만 데카르트의 수학적 세계관에 북방적 색채가 가해진 것은 20대 후반에 행한 이 독일 여행과 관련이 있다. 베네치아 축제에서 로마 대제를 보고 2년 동안 이탈리아를 여행했지만 갈릴레이는 만나지 못했다.

라로셀의 공방전에 참가했다는 이야기도 있지만 그때는 이미 30세가 넘은 때였다. 이 무렵에 메르센(Marin Mersenne)의 살롱에서 신철학을 논했을 가능성이 높다. 메르센은 데카르트의 라 플레슈 기숙학교 선배로, 프란시스코파의 수도사였다. 그는 사설 아카데미에서 파리 지하 문화인들의 중개자 역할을 했다. 이때 오라토리오회의 베륄르(Pierre de Berulle) 추기경의 눈에 들어 데카르트가 오라토리오회와 인연을 맺었다.

그 후 20년 동안 네덜란드에서 은둔 생활을 한 데카르트는 거처를 옮기기를 10번, 파리에 간 것은 겨우 3번밖에 안 되는데 나는 이 점이 이해가 안 된다. 데카르트처럼 호기심 많고 덜렁거리는 남자가 왜 갑자기 '평안과 자유'를 원했을까? 몇 번이나 거처를 옮겼다는 점에서 그의 본성이 드러나지 않느냐고 반문할 수 있다. 하지만 메르센에게만 연락하고 파리에도 나타나지 않은 이유는 무엇일까? 그런 행동 때문에 오라토리오회의 지하 공작원설이 생겼나 보다.

이 무렵에 데카르트는 『정신 지도의 규칙』을 썼다. 『우주론』도 썼지만 출판되지 않았다. 1633년 갈릴레이 재판이 열렸다. 갈릴레이는 코페르니쿠스의 지동설을 지지했지만 이단으로 취급받았다. 데카르트도 『우주론』에서 갈릴레이와 같은 입장을 취했기 때문에 출판을 망설였다. 결국 친구들이 권유했음에도 불구하고 응하지 않았다고 한다. 세상이 시끄러워지는 것을 피하려는 성격도 있지만 종교적 배경에 대한 배려가 아니었을까 하는 생각도 든다.

실제로 그가 쓴 책이 출판된 것은 41세 때 쓴 『방법서설』(1637)부터다. 이때부터 메르센 아카데미를 통해 철학이나 수학에 관한 논쟁을 하며 『성찰』(1641)을 썼다. 이 논쟁의 중개자는 오라토리오회의 신부였고, 논쟁자는 아르노(Antoine Arnauld), 홉스(Thomas Hobbes), 가상디(Pierre Gassendi) 등이었다. 아르노는 얀센파의 이론가로, 훗날 데카르트와 파스칼 사이에 생긴 종교적 불화와 관련이 있다는 설이 있다.

그러나 얀센파와 논쟁을 했어도 그렇게 위화감을 느꼈을 것 같지는 않다. 홉스는 '유물론'을 주장했지만 기껏해야 '경험론' 정도였고, 가상디도 데카르트보다 예수회 접촉이 많았기 때문에 거리낌 없이 '유물론'을 발언할 수 있었다고 한다. 어쨌든 데카르트가 가장 활발하게 활동한 때가 이 무렵이다. 그는 "잘 숨는 사람이 잘 사는 사람이다."라는 오비디우스(Ovidius)의 말을 좌우명으로 삼았다고 한다. 일부러 숨바꼭질을 즐겼는지도 모른다.

39세 때는 헬레나라는 여자를 만나 2년 정도 가정을 꾸렸다. 하지만 이때 낳은 딸 프랑신이 5세 때 세상을 떠나자 "눈물은 여자만 흘리는 것이 아니다."라며 펑펑 우는 등 의외의 모습을 보였다.

『방법서설』의 '기하학'에 대해 덧붙여 말하자면 데카르트의 기하는 대수(代數)를 응용한 것이 아니었다. 오히려 그때까지 기하와 유착되어 있넌 대수를 독립시키고 그것을 '기하'와 결합한 것이라 할 수 있다.

데카르트의 종교 갈등은 칼뱅 정통이었던 위트레히트나 라이덴의 고마루스(Franciscus Gomarus)파와의 사이에서 생겼다. 그 때문인지 40대 후반에 세 번이나 프랑스를 여행하며 자신보다 훨씬 어린 파스칼과 만났지만 마음이 맞지 않았다. 『철학의 원리』(1644)와 사후에 출판된 『인간론』도 이때 썼다.

나이가 들어서는 여성에게 관심이 많았다. 47세 때 25세의 팔츠 왕녀 엘리자베스와 친하게 지냈다. 그녀의 오빠는 훗날 스피노자의 후원자가 됐고, 여동생 소피는 라이프니츠와 관계된 하노버 왕비였기 때문에 엘리자베스와 어느 정도 교분을 쌓았다. 데카르트가 가장 열심히 편지를 주고받은 사람이 바로 이 왕녀였다. 엘리자베스의 아버지 프리드리히가 30년 전쟁의 발단인 신교파의 우두머리였고, 그 다음에 만난 여자가 스웨덴 왕 구스타프 아돌프(Gustav Adolf)의 딸 크리스티나인 것을 보면 데카르트는 30년 전쟁과 인연이 깊었다.

베스트팔렌 조약으로 30년 전쟁이 끝난 다음 해에 스웨덴의 여왕인 20세의 크리스티나는 53세인 데카르트를 스톡홀름으로 초청했다. 젊었을 때 '사교계의 꽃'이라는 말이 무색할 정도로 그는 무도회에서 춤추는 것을 거절했다고 한다. 이때 『평화의 탄생』이라는 시극을 썼고, 『정념론』도 이해에 출판했다.

젊은 여왕은 새벽부터 강의를 해 달라고 데카르트를 졸랐다. 스웨덴의 겨울은 추웠고, 나이에 걸맞지 않게 무리해서 아침 일찍 일어났던 데카르트는 결국 폐암에 걸리고 말았다. 게다가 자신이 의사라고 여겨 오진까지 했다. 데카르트는 마지막까지 고열을 앓으면서도 "여행을 가야 해."라고 말했다고 한다. 사람들은 이 말을 '물심이원론(物心二元論)자'였던 데카르트의 '영혼의 여행'이라고 해석했다.

블레즈 파스칼
Blaise Pascal

1623	출생
1631	파리로 이사
1640	종합사영(射影)기하학에 관한 지라르 데자르그의 저서를 연구하여 『원뿔곡선론』을 씀. 이 책은 수학계에서 대단한 성공을 거둠
1642~44	아버지(1639년에 루앙 시 행정관으로 임명됨)의 세금 계산을 돕기 위해 계산기를 발명
1646	파스칼의 아버지가 가족들을 설득하여 얀센주의(수많은 엄격한 도덕 형식을 만들어내는 비정통 로마 가톨릭 운동)적 신앙을 가지게 함
1647~48	진공 문제에 관한 논문을 잇달아 발표하여 더욱 명성을 얻음
1654	11월 23일 밤에 '은총의 불'을 경험하고, 이것을 신의 계시로 받아들임
1655	1월에 포르 루아얄 수도원에 들어감. 이후 저서를 발표할 때 자신의 이름을 밝히지 않음
1662	사망
1670	『명상록(Pensées)』 출간

"신이 나를 버리지 않도록……"

1631년 11월, 오베르뉴의 몽페랑 세무원 부원장이었던 에티엔 파스칼(43세)은 남동생에게 자신의 자리를 물려주고 파리로 이주했다. 부인 앙투아네트는 5년 전에 사망했고 슬하에 장녀 질베르트, 장남 블레즈, 차녀 자클린 세 남매를 두었다. 자녀 교육을 위해 파리로 갔지만 유명 학교에 보내지 않고 그가 집에서 직접 가르쳤다. 에티엔은 메르센 아카데미에 다닌 적이 있으며, '파스칼의 달팽이꼴(리마숑)'은 그가 만든 것이다.

파스칼은 수학에서 천재성을 발휘했다. 그의 아버지 에티엔은 새로운 학문보다는 고전적 교양을 가르쳤지만 12세 때 혼자 힘으로 삼각형 내각의 합이 두 직각의 합과 같다는 것을 발견했다.

누나 질베르트는 마치 파스칼의 전기를 쓰기 위해 태어난 사람 같다. 그녀는 파스칼이 발견한 이 정리를 유클리드와 같은 순서로 논리를 전개하여 증명했다고 증언했다. 그러나 그것은 믿기 어렵다.

파스칼이 16세 때 『원뿔곡선 시론』을 발표한 것은 사실이다. 이 이야기는 라이프니츠가 증언한 초고의 서론에 불과하지만, 거기에 파스칼 자신의 정리가 포함되어 있었다. 데카르트는 이것을 보고 16세의 젊은이가 썼다는 사실을 도저히 믿을 수 없다고 말했다.

파스칼은 10대 때 메르센 아카데미의 소년 회원이 됐다. 그 무렵 정부는 시채(市債) 금리 절하 정책을 내세웠고 연금 생활을 하는 에티엔은 시민 반대 운동에 참가했다. 그리고 리슐리외(Armand J. du P. Richelieu)의 추궁을 받아 오베르뉴에 지하 잠행하다 지명 수배됐다. 그러나 리슐리외는 어느 아동극에서 공주 역할을 맡은 귀여운 자클린을 보고 바로 누그러져서 에티엔을 사면했다. 그뿐 아니라 그를 노르망디 징세 총감으로 임명했다. 그래서 에티엔은 루앙에 부임하여 세금 불납 운동을 탄압하는 역할을 맡게 됐다. 결국 이 반란

▶ 파스칼이 고안한 치차(톱니바퀴)식 계산기(1642). 덧셈과 뺄셈만 가능하다.

은 대법관 세귀에(Chancellor Seguier)의 강권으로 진압됐다. 프롱드의 난이 일어나기 전날 밤의 일이었다.

그동안 파스칼은 아버지를 위해 계산기 발명에 전력을 다했다. 이때 신경을 너무 많이 써 나중에 병이 든 원인이 됐다고 한다. 하지만 데카르트는 원래 신경질적이었다. 게다가 누나 질베르트가 18세에 클레르몽 조세 평가관 플로랭 페리에와 결혼했는데 누나가 쉿먹이를 안아주는 모습을 보고 질투심을 느꼈다고 한다. 질베르트와 여동생 자클린에 대한 애정이 아주 깊었던 것 같다.

23세 때 항만 성채 총감인 프티가 찾아와 토리첼리의 진공 실험에 대해 이야기했다. 그래서 파스칼 부자(父子)와 프티는 노르망디의 유리 공업에 의거하여 그 실험을 시도했다. 그는 퓨이 드 돔에 있는 매형 플로랭에게 실험을 시켰고, 이를 통해 근대적인 진공 개념을 확립했다. 파스칼은 사실에 근거하여 법칙에 도달했기 때문에 데카르트의 이념적 신앙을 비판했다.

그는 얀센파의 포르루아얄 운동*에 관심을 보였으며, 일가가 모두 얀센파에 가담했다. 24세 때 이미 카푸친회와 당파 투쟁을 겪기도 했다.

그리고 24세 때 파리로 가서 사교계에 들어갔다. 의사가 건강을 위해 사교계 모임을 권했다고 한다. 데카르트와 만난 것도 이때다. 데카르트는 자신의 경험에 근거하여 아침에 늦게까지 자고 고기 스프를 먹으라고 권했다. 그러나 『명상록(Pensées)』에도 나와 있듯이 데카르트와 성격이 맞지 않았고, 스웨덴 여왕에게 계산기를 팔았던 일도 데카르트와 맞서기 위해서였다.

그 사이 원뿔곡선과 진공론, 계산기로 이름을 날렸지만

---

* 프랑스 베르사유 근처에 있는 시토회 여자수도회(포르 루아얄 대상)에서 17세기 중엽에 성했던 문화운동. 네덜란드 신학자 얀센이 주창한 신의 은총의 절대성에 대한 교설에 바탕을 두고 있다.

28세 때 아버지가 죽고, 어려서부터 수녀가 되고 싶다던 자 클린이 기어이 포르 루아얄에 들어가버렸다. 아버지의 유산 을 둘러싸고 다툼도 있었는데, 계산기를 팔았던 일도 살롱 에서 품위 유지비를 조달하기 위해서였다. 이때 파스칼이 술과 여자, 도박에 빠졌다는 설과 반대로 항상 경건했다고 말하는 사람도 있다. 나는 전자라고 본다. 파스칼은 사실에 무게를 두는 사람이었으므로 도박의 이론을 들어 확률론뿐 아니라 신학까지 실천했을 것 같다. 그리고 술과 여자에도 탐닉하지 않았을까? 오히려 데카르트처럼 적당히 좋은 척 을 잘 못하는 외곬적인 성격 탓에 금욕주의를 주장했을지도 모른다. 그러고 나서 후에 『죄인의 회심에 대하여』를 썼다.

살롱에서는 당시 유명한 도박사였던 슈발리에 드 메레와 친했으며 그에게 도박기술을 전수받기도 했다. 파스칼은 그를 세속적 이상으로서의 전형적인 오네톰(honnetê homme)** 이라고 생각했다. 이 무렵 페르마(Pierre de Fermat)와 편지 를 주고받으며 확률론을 시작했다. 파스칼의 '산술 삼각형' 은 이 확률론의 산물이다.

** 지식과 교양이 풍부하고 예절 바른 교양인을 뜻함. 고전주의의 융성기인 17세기 프랑스에 서 이상적인 인간상을 표현하던 말이다.

당시 최고의 귀족이었던 로안네즈 공작 남매도 파스칼과 친분이 있었기 때문에 포르루아얄파의 후원자가 됐다. 라신(J. Racine)에 따르면 그때 30세였던 파스칼은 결혼을 생각했다고 한다. 20세였던 샬럿 로안네즈가 연인이었다고 예상되지만 불행히도 그녀 역시 수녀가 되고자 했다. 자신이 사랑한 여자들은 모두 수녀가 되길 원했으니 아마 파스칼 자신도 성직자가 되고자 했을지 모른다.

진공론이 발전하면서 압력에 대한 기본 개념을 연구한 것도 이 무렵이다. 『대기의 무게』, 『유체의 평형』을 펴내면서 근대적인 물질 개념의 기초를 쌓았다.

1654년 11월 23일, 마차를 타고 가던 중 말이 날뛰다 다리 난간을 뛰어넘는 사고가 났다. 가죽 망이 찢어질 정도로 큰 사고여서 하마터면 죽을 뻔했는데 이때 파스칼은 신의 은총에 감탄했다. 30대 때 파스칼을 괴롭힌 두통의 원인이 이 사고였는지도 모르겠다(사후에 그의 몸을 해부했는데 뇌에서 외상이 발견됐다고 한다). 어쨌든 그는 이날 회심(回心)을 결심하고 포르루아얄파의 비밀 당원이 됐다. 그 후 세상에서 파스칼의 이름을 들을 수 없었다.

당시 포르루아얄파 지도자였던 아르노는 예수회파의 근

거지 소르본에서 추방당했고, 예수회는 교황의 권력을 이용하여 더욱 심하게 탄압했다. 파스칼은 이를 배경 삼아 몬탈토라는 가명으로 『시골 친구에게 쓴 편지』를 발표했는데 지금까지 정치선동 문학의 최고 걸작으로 꼽힌다. 또 포르루아얄파를 위해 『명상록』을 썼는데, 이 책은 후세의 '기독교 실존주의자'들에게 기쁨을 안겨주었다. 포르 루아얄 교육에도 참여하여 그곳에서 라신을 통해 프랑스어의 새로운 문체를 정비했다.

파스칼은 35세 때 수학의 사이클로이드(cycloid)*를 둘러싸고 중요한 연구를 했다. 질베르트의 말에 따르면 당시 파스칼은 치통을 앓고 있었는데 기분 전환을 위해 수학 문제를 생각했다고 한다. 그러다 보면 치통이 나아서 치과 의사를 찾아갈 필요가 없었다는 것이다. 나도 대학에서 조교로 근무할 때 이가 아파서 고생한 적이 있다. 그때 한 교수가 "수학을 생각하면 기분이 나아진다."고 해서 따라해 봤지만 통증은 더 심해졌다.

로안네즈 공(公)은 사이클로이드 연구를 포르루아얄파

---

* 일직선 위를 원이 굴러갈 때, 이 원의 원둘레 위의 한 점이 그리는 자취

를 선전하는 데 사용하라고 했고, 파스칼은 데튼빌이라는 이름으로 각국의 수학자에게 편지를 보냈다. 그 속에는 미적분의 원형과 삼각함수의 적분 공식이 들어 있었다. '미적분의 원형'은 페르마와 데카르트를 비롯하여 17세기의 모든 수학자가 부분적으로 연구하고 있었다. 그러나 파스칼은 특히 적분 개념에서 뛰어났고, 실제로 라이프니츠가 이것을 기초로 삼아 연구했다.

그 후에도 페르마나 호이겐스(Christiaan Huygens)와 수학과 관련한 편지를 주고받았다. 파스칼은 30대 후반을 두통과 은총 속에서 살았다. 『시골 친구에게 쓴 편지』를 썼던 시기에 질베르트의 딸 마르그리트가 눈물샘염에 걸렸다. 그때 가시를 갖다 댔더니 기적처럼 낫는 것을 보고 파스칼의 믿음은 더욱 독실해졌다. 여동생 자클린은 병으로 일찍 죽었다.

이 시기에 예수회가 마자린 추기경(Cardinal Mazarin)의 권력과 결합하여 포르루아얄 운동에 대한 탄압을 강화하자 아르노 등 간부는 어쩔 수 없이 타협을 해야만 했다. 하지만 파스칼은 혼자 타협을 거부하고 누나 집에서 외롭게 죽었다. 로안네즈 공과 계획한 세계 최초의 승합 마차 사업이 실현됐을 때는 이미 죽음이 목전에 있었다. 파스칼은 "신이 나를 버리지 않도록……."이라는 말을 남기고 39세의 나이에 세상을 떠났다. 파스칼의 사후에도 탄압은 계속됐고, 아르노 일행이 지하에 잠행한 1670년에 발간된 포르 루아얄 판 『명상록』은 교회에서 검열하여 삭제와 수정 작업을 거쳤다. 아마 지하에 누워 있던 파스칼이 이 사실을 알았다면 분개했을 것이다.

아이작 뉴턴
Isaac Newton

머더 컴플렉스에 시달린 천재

1642년, 갈릴레이가 죽고 뉴턴이 태어났다고 하지만 뉴턴이 태어난 때는 음력(영국은 18세기 중반까지 음력을 사용했다) 1642년 12월 25일로, 양력으로는 1643년 1월 4일이 된다. 1642년은 영국 왕과 의회가 싸움을 시작한 해이므로 뉴턴은 내란 중에 유년기를 보냈다.

뉴턴은 달이 차지 않은 미숙아로 태어났지만 기적적으로 자라났다. 울즈소프의 자작농이었던 아버지는 *그*가 태어나기 석 달 전에 사망했다. 당시 젊은 어머니는 30세 연상인 목사와 재혼해서 떠나는 대신 양육비로 1년에 50파운드를 보냈다. 뉴턴은 어머니가 보내준 돈과 아버지가 남긴 땅에서 나오는 30파운드로 할머니 밑에서 자랐다. 참고로 뉴턴이 조폐국 장관이 됐을 때 받은 연봉은 4,000파운드였다.

이후 뉴턴의 어머니는 재혼한 목사가 세상을 떠나자 세 명의 동생을 데리고 뉴턴에게 돌아왔다. 이때 뉴턴은 그랜덤에서 하숙을 하며 중학교에 다니고 있었기 때문에 거의 어머니의 얼굴을 보지 못했다. 이렇듯 유년기에 어머니를 빼앗긴 마음의 상처가 피해망상으로 이어져 성격이 공격적으로 변했다는 이야기도 있다.

뉴턴은 어렸을 때 성적이 그다지 뛰어나지 않았다. 그러다 중학교 2학년 때 골목대장에게 맞은 후부터 힘 대신 공부에 관심을 가져 성적을 올렸다고 한다. 그러나 뉴턴 자신이 골목대장이었다는 설도 있다. 그보다 뉴턴은 장난감을 만드는 데 재능이 있었다. 제등이 달린 연이나 쥐를 이용한 소형 제분기, 목재 기둥 시계 등을 만들어 마을에서는 작은 마술사로 통했다.

그는 이렇게 평생 무언가를 만들었다. 학창 시절에 꼼꼼하게 작성한 금전출납부를 살펴보면 트럼프에서 잃은 돈의 내역은 물론 드릴이나 작은 칼, 염화 제2수은이나 주석염 등이 적혀 있어 기계 만들기와 연금술에 대한 열정이 대단했음을 알 수 있다. 뉴턴은 마술과 연금술이 근대 기계학과 화학으로 정착하기 이전 단계부터 관심을 보였고 그 열정은 세상을 뜰 때까지 계속됐다.

뉴턴은 18세에 케임브리지 대학 트리니티 칼리지의 급비생이 됐다. 기숙사비를 면제받는 대신 기숙사에서 잡일을 해야 했다. 그때가 왕정복고가 이루어진 다음 해이다. 이 무렵 뉴턴은 하숙집 딸과 약혼까지 했지만 결혼은 하지 못했다. 뉴턴이 갈릴레이나 데카르트의 저서를 읽기 시작한 것은 20세 무렵이다. 데카르트의 『기하학』을 읽고 "거짓말투성이, 이것은 기하학이 아니야."라고 했다는데, 최근 면밀한 고증에 따르면 그것은 잘못된 이야기라고 한다. 훗날 데카르트의 와동설과 대립해서 반(反)데카르트주의자로 여겨졌지만, 오히려 뉴턴 역학은 데카르트를 기초로 했고 많은 영향을 받았다. 절대적인 공간과 시간에서 운동이 전개되는 뉴턴 역학은 깊이 들어가 보면 데카르트의 성질을 띤다. 운동량을 뜻하는 '질량'의 개념을 확립한 것도 데카르트의 '자립적 개념'과 일맥상통한다.

실제로 뉴턴이 첨단 과학 분야에 관심을 갖고 문제의식을 느낀 것은 22세였다. 우연히 미적분과 역학을 구상하다가 케플러의 법칙과 중력 개념을 연구하게 됐다. 이 무렵에

▶ 영국 화폐에 실린 뉴턴

페스트가 유행하여 학교는 문을 닫고 또 런던에 큰불까지 나서 뉴턴은 고향으로 내려가 사과나무를 바라보며 지냈다. 그러던 어느 날 사과가 뚝 떨어지는 것을 보고 만유인력의 법칙을 발견하였다. 시골에서 사색하며 지낸 시간이 뉴턴에게는 행운을 가져다준 셈이다.

뉴턴은 언제 어디서나 사색에 잠겼다. 달걀을 삶는다고 해놓고 시계를 삶고, 바지 입는 것을 잊은 채 외출하기도 했으며 말고삐가 달려 있지 않은 말을 타고 언덕에 올라가는 등 이와 관련한 일화는 많다. 게다가 수시로 식사를 걸러 가정부는 아예 뉴턴이 밥 먹는 것을 잊어버렸으면 하고 기대했다고 한다.

페스트가 유행하기 직전에 뉴턴이 쓴 노트에는 미적분 구상 과정이 나온다. 뉴턴은 데카르트, 후데(Johannes Hudde), 호이겐스의 법칙에 영향을 받았다. 그렇게 뉴턴은 이항 정리를 연구했다. 미적분의 길을 직접적으로 연 것은 월리스(John Wallis)의 『무한소수론』이다.

케임브리지 대학에서 뉴턴의 전임자였던 배로(Isaac Barrow)는 뉴턴보다 나이가 12살 많은 왕당파였으며 왕정이 복고되면서 케임브리지 교수가 됐다. 그는 『광학 강의』를 집필할 때 뉴턴의 도움을 받았다. 그리고 성직을 맡기 위해 강의를 26세의 뉴턴에게 물려주려고 했다. 그러나 찰스 2세의 시승(侍僧)이 되고 트리니티의 학장으로 케임브리지 대학에 돌아왔다. 그 바람에 뉴턴은 성직도 맡지 못하고 학장도 되지 못했는데, 주된 이유는 이단적 종교 신념 때문이었다. 이 무렵에 『무한급수에 의한 해석학에 관하여』와 『급수와 유율의 방법에 관하여』 등 '미적분'에 관한 책을 썼다. 최초의 논문은 29세 때 왕립학회에 발표한 「빛과 색의 신이론」이었다. 25세 무렵에는 독자적으로 반사망원경을 만들었고 이 해에 왕립학회 회원이 됐다.

왕립학회는 1662년 왕정복고 직후에 창설됐다. 왕실의 '학회'였지만 실제로는 찻집을 중심으로 만나는 시민들의 지적 모임이었다. 왕립학회는 런던에서 일어났던 화재 때 큰 활약을 하기도 했다. 중심인물은 뉴턴보다 7살 많은 훅(Robert Hooke)이었는데, 평생 동안 뉴턴의 논적(論敵)이 됐다. 그에 관해서는 "1년 내내 찻집에서 진을 치고 앉아 있다.", "항상 여자 관계가 말썽이다." 등의 소문이 끊이지 않았다. 꼽추에 장발인 훅의 공격으로 뉴턴은 좀더 공격적인 성격으로 변했고, 자기혐오에 빠진 사람의 특징이 나타나기 시작했다. 이런 면에서 '학문은 한없이 소송을 좋아하는 여자와 같은 것'이라는 말은 뉴턴다운 명언이다.

라이프니츠가 미적분을 정식화하기 시작한 때는 뉴턴보다 10년 정도 뒤였다. 하지만 당시 30대 후반이었던 뉴턴은 자신이 먼저 발명해서인지 여유롭게 받아들이고 매우 우호적이었다. 이 무렵 뉴턴의 관심은 천체역학을 완성하는 데 있었다. 일설에 따르면 어머니가 죽고 마더 콤플렉스에서 해방되어 관심이 천체 역학으로 옮겨진 것이라고 한다. 후에 핼리 혜성을 발견한 핼리(Edmond Halley)가 뉴턴을 찾아와서 인력의 역제곱 법칙에서 케플러의 법칙을 도출할 수 있다는 사실을 알렸다. 그리고 핼리는 뉴턴에게 그 발견들을 출판하라고 설득했다. 케플러의 제3법칙에서 역제곱 법칙을 얻을 수 있다는 사실은 왕립학회 회원들 사이에서 공통적으로 이해가 됐던 것 같다. 그래서 1687년에 『자연 철학의 수학적 원리(프린키피아)』를 발표하자 역제곱 법칙의 선취권을 주장하는 훅과 맹렬하게 싸우게 됐다. 핼리는 뉴턴보다 14살 연하였지만 두 사람의 격분을 달래주었다.

『자연철학의 수학적 원리』가 출간된 때는 가톨릭의 제임스 2세가 즉위한 다음 해였다. 구교와 국교의 대립이 심했고 왕은 케임브리지 대학에 구교를 침투시켜 대학과 과격하게 대립했다. 뉴턴은 40대 중반이었다. 그는 왕의 간섭 반대파로서 대학 안팎에서 활약하며 행정 수완을 발휘했다. 그래서 1689년에 명예혁명이 일어나자 케임브리지 대학을 대표하는 국회의원이 됐다. 이때부터는 달의 운동이나 최속강하선도 연구했지만 수학이나 물리학에 대한 관심은 오히려 줄어들었다. 대신 젊었을 때부터 죽을 때까지 이어진 연금술 실험과 신학, 연대학이 지적 관심의 대부문을 차지했다.

50대 초반은 '발광기'였다. 이때 친구 로크(John Locke)가 뉴턴에게 정치적 지위를 높여 보라고 조언했다. 그러나 뉴턴은 피해망상에 빠져 로크가 자신에 대해 "조카딸을 이용하여 지위를 요구하고 있다."는 소문을 뿌리고 다닌다고 믿었다(소문은 그렇다 치고, 바람기 많은 조카딸과 고위급 관료와의 문란한 행동은 사실인 것 같다). 이 시기에 뉴턴은 주위 사람들을 모두 적으로 생각해서 매우 난폭한 행동을 했다.

결국 광기가 낫고 조폐국에 들어가 1699년에는 장관이 됐다. 그리고 위조지폐를 근절하고 영국 화폐 제도를 안정시켰다. 영국 화폐 제도의 절대성은 뉴턴 역학의 절대성이 유지된 기간 동안만 지속됐다. 이후 1701년에 교수직을 사임하고 1703년에 왕립학회 회장을 역임한다. 1705년에는 작위를 받았으며 이때부터 앤 여왕의 시대가 열렸다.

이 시기에 이미 대륙에서는 라이프니츠의 미적분이 유포됐다. 영국에서는 『광학』(1704)의 부록이 나온 이후였다. 『무한급수의 해석』은 1711년에 출판됐다. 70대 때 뉴턴은 미적분의 영독 전쟁에 휘말리자 마치 어머니를 빼앗긴 아이처럼 공격했다. 『자연철학의 수학적 원리』 제2판(1713)에는 훅과의 내막도 포함시켰다.

제2판 끝 부분에 뉴턴의 '신학 원리'가 나오는데, 배경은 이단적인 유니테리언(Unitarion, 삼위일체의 부정)의 입장이다. "나는 가설을 세우지 않는다."는 유명한 표어가 있지만 유니테리언의 교리에 어두워서 이 부분은 잘 모르겠다.

그러나 신비주의가 역학의 합리주의와 모순되기는 하지만 명백한 개념을 실체로 한 발상이라는 점에서는 공통적이지 않을까? 어쩌면 뉴턴의 본질은 연금술이나 이단 신학에 있었는지도 모른다.

뉴턴은 만년에 결석으로 고통스러워하다 84세에 세상을 떠났다. 당시 예전의 논적들은 아무도 살아 있지 않았다.

고트프리트 빌헬름 폰 라이프니츠
Gottfried Wilhelm von Leibniz

1646	출생
1661	라이프치히 대학에서 법학을 공부
1666	정규 과정을 마친 후 법학 박사 학위를 신청했으나 나이가 어리다는 이유로 거절당함
1672	외교관 자격으로 파리에 감
1673	런던 여행 도중 왕립학회에 자신이 만든 계산기를 기증
1675	적분과 미분의 기초를 세움
1679	2진법 체계 완성. 이 해 말에는 오늘날의 일반위상수학(일정한 물리적 요소 또는 추상적 요소들로 이루어진 집합의 선택적 속성을 다루는 수학의 한 분야)으로 알려진 위상 분석의 기초를 제시
1680~85	하르츠 산맥의 광산 개발을 위해 풍차로 작동하는 물 펌프를 개발. 이 광산에서 여러 차례 기술자로 일함
1685	브라운슈바이크 가문의 사가(史家)인 호프라트(궁정고문관)에 임명됨
1701	소피 샤를로테(에른스트 아우구스트의 딸)의 도움으로 베를린에 독일 과학 아카데미를 설립
1711	러시아 차르인 표트르 대제의 초청을 받음
1714?	『단자론』을 써 '변신론 철학'을 집대성함
1716	사망

팔방미인 수학자

17세기의 수학자가 모두 사상가였다는 점에 비해 20세기의 수학자는 사상이 없는 전문가뿐이라고 말하는 사람이 있다. 20세기의 수학자에게 사상성이 결여된 것은 문제지만 그 점을 17세기의 수학자와 비교해서는 안 된다. 17세기에는 원래 '전문'이란 개념이 없었고 수학은 '세계'를 이해하는 일환으로 존재했을 뿐이었다. 많은 수학자 중에서도 라이프니츠가 가장 뛰어났다.

라이프치히 대학은 후스 전쟁 때 프라하 대학을 떠난 사람들을 위해 세운 대학이었다. 라이프니츠의 아버지는 이 대학의 논리학 교수였고 어머니는 법학 교수의 딸이었다. 후스 전쟁에서 독일 농민 전쟁, 그리고 30년 전쟁이라는 기간 동안 독일은 성립과 붕괴를 반복했다. 그러나 라이프니츠가 태어난 다음 해에 베스트팔렌 조약은 합스부르크의 종주권을 부정했고, 독일 제후가 병립하여 훗날 라이프니츠는 국제적 종횡가(縱橫家)로 활약할 수 있었다.

라이프니츠는 6세 때 아버지가 세상을 뜨자 아버지의 서재에서 홀로 공부했는데 8세 때 라틴어를 판독할 정도였다. 그는 그리스와 라틴 고전, 교부(教父) 문학을 익힌 교양 소년이었다. 15세에 라이프치히 대학에 들어가 철학과 법학을 배웠다. 그리고 17세 때 예나 대학으로 유학을 가 점성술을 좋아하는 수학자 바이겔의 영향을 받았다. 형이상학의 수학화, 지금으로 말하면 '수리논리학'을 지향하고 데카르트의 '보편 수학'을 더욱 웅대한 규모로 구상하기 시작했다. 그것은 20세 때 『결합법론』(1666)에서 비롯됐다.

18세 때 어머니가 세상을 뜨자 라이프니츠는 법학과 스콜라 철학에 관심을 보이기 시작했다. 변론학자 토마시우스(Thomasius) 밑에서 '개체 원리'에 대한 학위를 얻으려고 했지만 나이가 너무 어려서였는지 잘되지 않았다. 이후에 라이프치히를 떠나 뉘른베르크에서 법학 학위를 따고 자연 마술과 연금술의 비밀 결사 단체인 장미 십자회에 들어갔

▶ 라이프니츠의 동상

다. 데카르트도 장미 십자회 때문에 의심을 받은 적이 있지만 라이프니츠는 확실히 입당한 것 같다. 게다가 스콜라 철학의 소양도 데카르트보다 훨씬 본격적으로 갖추었다.

이때가 21세였다. 이 결사를 통해 마인츠 재상 보이네부르크(J. C. Boyneburg)를 알게 되면서 외교 사절로 활동하기 시작했다. 그때 이미 아카데미 구상도 논했고, 팔츠 백작의 폴란드 왕 계승권을 변론하기도 했다. 팔츠 백작의 누나인 엘리자베스가 데카르트의 유명한 여자 친구였고 여동생 소피는 라이프니츠의 후원자였기 때문에 팔츠 일가와의 인연은 꽤 깊었다. 어쩌면 장미 십자회의 힘 때문이었는지도 모른다.

26세 때는 보이네부르크의 아들을 수행하여 파리로 가는 외교단에 들어갔다. 이것은 루이 14세의 침략으로부터 독일을 보호하기 위한 '이집트 계획'의 방책이었고, 후에 나폴레옹이 실행했다. 이 시기에 처음으로 '신수학'을 접하여 호이겐스에게 파스칼 수학을 배웠다. 다음 해에 외교단과 함께 런던에 갔는데, 뉴턴과는 직접 만나지는 않았지만 영국 급수론의 전통을 이해했다. 그리고 당시 영국 내에서만 알려져 있던 뉴턴의 업적도 들었다. 라이프니츠는 파스칼의 가감 계산기를 개량한 사측 계산기를 만들고, 왕립학회 회원이 됐다. 뉴턴이 반사망원경을 만들어서 왕립학회 회원이 된 다음 해의 일이다.

보이네부르크와 마인츠 제후가 잇달아 사망한 후에는 영국 · 프랑스 · 네덜란드 3국을 돌아다니며 미적분을 정식화하는 데 성공했다. 10여 년 전에 미적분학을 발명한 뉴턴은 이 무렵 훅과 광학에 대해 사투를 벌이고 있었기 때문에 라이프니츠에게는 호의적이었다. 뉴턴은 나중에 라이프니츠가 표절했다고 주장했지만 그때는 이미 라이프니츠학파가 뉴턴학파를 능가한 뒤였다. 스피노자(Baruch de Spinoza)가 사망하기 전에 라이프니츠에게 『윤리』의 원고를 보여주었는데 이것이 빌미가 되어 표절했다는 의심을 받았다.

30세 때는 하노버 제후의 법률 고문관 겸 도서관장이 됐다. 그리고 얼마 안 있어 그의 남동생인 에른스트 아우구스트 제후의 시대가 열렸다. 그때 왕비가 소피였다. 이 무렵 '위상기하의 원점'이라고 평가되는 「위치 해석」을 쓰기도 했다. 30대 후반에도 활발히 활동했는데 학회에서는 「라이프치히 학보」를 창간하고 연구 발표 체제를 확립했다. 학보에는 「극대·극소의 신방법」이나 「불가분량과 무한의 해석」이 씌어 있었다.

이윽고 베르누이 형제나 로피탈 제후를 포함한 수학상의 라이프니츠 학파가 형성됐다. 정치적으로는 루이 14세를 비판하는 논전을 펼치기도 했다. 철학상으로는 포르루아얄파의 아르노나 데카르트학파의 말브랑슈(Nicolas de Malebranche)와 논쟁하고 『형이상학 서설』(1686)을 썼다. 또 풍차를 이용하여 하르츠 은광을 개발하려 했지만 실패하고, 그 대신 근대 지질학의 기초를 세웠다. 무슨 일이든 능히

▶ 라이프니츠가 만든 계산기(1671). 사칙연산이 가능했다.

처리하는 훌륭한 능력을 지녔는데 표절 소동 같은 일에 휘말
릴 여유가 있었을까?

1685년에 하노버에 있는 브라운슈바이크 가문의 사가가
되어 대규모의 계보(系譜)도를 제작했다. 이것은 남은 인생
을 허비하는 매우 쓸데없는 일처럼 보였지만 그렇지도 않았
다. 훗날 소피의 장남인 하노버 제후 게오르크 루트비히는 영
국 왕 조지 1세가 되고 장녀 소피 샤를로테(Sophie Scharlotte)
는 브란덴부르크 제후비에서 프로이센의 왕비가 됐기 때문
이다. 어쩌면 라이프니츠는 고문서를 찾아내고 유럽의 왕과
여왕을 말로 삼아 체스를 두었는지도 모른다. 언젠가 고문
서 탐색을 위해 빈이나 로마를 여행했을 때 바티칸의 도서관
사서를 맡을 기회가 있었다. 그러나 우선 가톨릭교도가 되
어야 했기에 거절했다. 하지만 다른 의도도 있었던 것 같다
(그는 프로테스탄트계로 장미 십자회원이었다).

40대 후반에는 가톨릭과 프로테스탄트의 재회동을 계획했고 이를 위해 보쉬에(J. Bossuet)와 외교 교섭을 벌였지만 실패했다. 그 다음으로 '신교(新敎)만이라도' 하는 생각으로 칼뱅파와 루터파의 합동을 시도하지만 이것도 잘되지 않았다. 역시 종교는 '혼인 정치'보다 어려웠다. 그러나 그 교섭을 통해 '단자(모나드)'에서 '예정 조화'에 이르는 '라이프니츠 철학'이 생겨났다. 이것은 유럽 사상의 혼합이라고도 할 수 있는데 기능주의, 실증주의, 구조주의, 실존주의의 성격을 모두 가지고 있어서 난해하다. 또 이 시기에 국제 공법을 확립했다.

50대에는 프로이센의 왕비 소피 샤를로테를 위해 살았다. 베를린에 꿈에 그리던 과학 아카데미가 세워지고 그곳의 초대 원장이 되어 샤를로텐부르크 궁전의 정원에서 왕비와 공녀 캐롤라인(후의 웨일즈 공비(公妃))과 신학을 이야기했다. 중국 무역에 영향을 받아 이신법을 생각해 낸 것도 이 무렵이다. 기호 논리·계산기·이진법을 발명하여 라이프니츠는 컴퓨터의 조상이라고도 한다. 로크의 저서를 읽고 감동한 것도, 근대 독일어의 기초를 확립한 것도 이때다.

1705년 샤를로테가 세상을 뜨자 라이프니츠는 그녀에

게 애시를 바쳤다. 그녀를 위해 쓴『변신론』(1710)이 기념으로 남았다.

60대 후반의 상대는 표트르 대제였다. 18세기에 2대 신흥국인 프로이센과 러시아가 출현했는데, 라이프니츠는 나중의 이익을 생각하여 먼저 표트르 대제에게 접근했던 것 같다. 그에게 러시아의 재판 제도에 대한 방책을 제시하여 이를 수행했다. 그리고 드레스덴, 빈, 상트페테르부르크로 이루어진 동유럽 '아카데미 망(網)'을 계획했다.

그러나 1713년에 대공비 소피가 세상을 뜨고 하노버 제후 게오르크는 '영어를 모르는 영국 왕'이 됐다. 이는 라이프니츠가 체스에서 이긴 것을 의미했다. 하지만 웨일즈 공비 캐롤라인의 노력에도 불구하고 그는 영국으로 가지 못한 채 하노버에 남아야 했다. 왜냐하면 당시 라이프니츠에 대한 영국 지식인들의 반감이 강했기 때문이다.

그때 라이프니츠는 67세였는데 50세 때부터 앓던 관절염이 도지기 시작했다. 캐롤라인이 어떻게든 해 보려고 했으나 영국에서는 미적분의 문제를 둘러싸고 라이프니츠를 비난하는 목소리가 높았다.

이후 1713년에『단자론(Monadologia)』을 쓰고 3년 후

인 1716년에 사망했는데 비서 한 명만이 그의 곁을 지켰다
고 한다.

야곱 베르누이
Jakob Bernoulli

요한 베르누이
Johann Bernoulli

1667	출생
1691~92	미적분학에 대한 책을 두 권 썼지만 끝내 출간하지 못함
1692	수학자 기욤 프랑수아 앙투안 드 로피탈에게 미적분학을 가르침
1694	바젤에서 의학을 전공해 근육 수축에 대한 논문으로 박사 학위를 받음. 그 후 아버지의 반대에도 불구하고 수학으로 전공을 바꿈
1695~1705	네덜란드 그로닝겐에서 수학을 가르침. 형인 야곱이 죽자 바젤에서 교수직을 맡음
1696	0대 0의 비율로 분명히 표시되는 극한 문제의 해법이 로피탈의 유명한 교과서 『무한소 해석』에 실림
1742	『요한 베르누이 저작집』(4권) 출간
1748	사망

사이 나쁜 형제 수학자

형제가 사이가 나쁘면 남 이상으로 서로 증오한다. 서부 극을 보면 잭과 조니 둘 다 세상에서 가장 뛰어난 총잡이는 자기 한 명으로 충분하다고 생각하는데, 베르누이 가문의 야곱과 요한도 그런 사이였다.

베르누이 가문은 스위스에서 이름난 수학 일가로, 3대에 걸쳐 8명이나 수학자를 배출했다. 그중 몇 명은 살아 있을 때 중요한 역할을 했는지는 모르지만 수학 역사에 등장하는 사람은 야곱과 요한, 그리고 요한의 아들 다니엘 베르누이 밖에 없다.

'베르누이 방정식'이라고 하면 어느 베르누이인지 몰라서 불편한 점이 있다. 또 역사에 이름도 나오지 않는 베르누이까지 '베르누이 계도(系圖)'가 유전학에서 다뤄지기도 한다. 그러나 여기에서 유전학을 이야기할 필요는 없고, 이 세명의 베르누이를 중점적으로 알아보고자 한다. 형제나 부모자식 중에 수학자가 있는 것은 별로 희한한 일은 아니지만세 명 모두가 수학자인 경우는 흔치 않다.

베르누이 가문을 다룰 때에는 오일러도 등장한다. 하지만 스위스 산중에 수학을 잘할 수 있는 신비의 명약이 있었던 것도 아니고, 스위스 사람이 수학에 뛰어난 두뇌를 갖고있던 것도 아니다. 이 시대에 수학자의 국적을 문제 삼는 일은 별 의미가 없다. 그러나 스위스는 종교 개혁 때 주요 근거지 중 하나였고, '자립'이나 '문화'라는 말에 걸맞은 풍토를가지고 있었다. 18세기에도 문화인이 종종 스위스와 관계됐다고 한다. 베르누이 가문의 선조도 위그노 전쟁의 난을피해 온 프로테스탄트였다.

1687년, 라이프니츠의 '신수학'의 매력에 빠진 사람은바젤 대학의 신임 교수 야곱이었다. 33세인 그는 신학에서수학으로 전향하여 20세인 남동생 요한과 함께 이 난해한논문을 독해하는 데 심취했다. 라이프니츠도 천재였지만 베르누이 형제도 유능했다. 1690년에 44세의 대가와 36세의 소장학자, 그리고 23세의 젊은이로 이루어진 3인조가 생기고 나서 유럽 해석학의 트로이카가 질주하기 시작했다. 그러나 요한은 개성이 독특해 연구의 길은 평안하지 않았다.

끈을 늘어뜨렸을 때 생기는 곡선〔현수선(catenary)〕은 라이프니츠와 야곱이 만든 합작품이었다. 라이프니츠는 끈을 이용한 간이 계산자를 만들 수 없을까 고민했다고 한다.

요한은 파리로 유학을 갔고, 라이프니츠의 후원자였던 기병 대위 로피탈 후작(요한보다 6세 연상)의 청을 받아들여 세계 최초로 미적분 강의를 했다. '로피탈 후작을 위해'라는 헌사가 실려 있는 『적분법 강의』는 훨씬 후인 1742년에 출판됐다. 『미분법 강의』의 유고는 요한이 사망한 후에 발견됐지만 지금은 '로피탈의 정리'라고 하여, 현재 미적분의 계통적 원형이 됐다.

요한은 대학 교수가 되려고 했지만 이미 바젤 대학의 자리는 야곱이 맡고 있어서 네덜란드의 그로닝겐으로 가야 했다. 그때부터 그들의 다툼이 시작됐다. 로피탈이 요한의 강의를 빼앗아 『무한소 해석』을 자신의 이름으로 출판했다. 이 책은 세계 최초의 교과서로 클레로(A. C. Clairault)를 비롯하여 많은 사람이 이 책을 통해 미적분을 배웠다(지금으로 말하면 반 데어 베르덴(Van der Waerden)의 『대수학』과 같다). 1696년에 나온 이 책의 서문에는 두 명의 베르누이와 라이프니츠의 모든 발견을 이용했으며, "그들이 어떤 점에 대해 발견자의 권리를 표명해도 이의는 없다. 나는 그들이 나의 권리로 남겨 주는 것만으로 만족한다."라고 씌어 있었다. 하지만 요한은 만족하지 않았다.

요한은 아무리 생각해도 자신만 신경이 날카롭고, 형이 자신보다 좋은 지위를 차지하고 있는 것을 납득할 수 없었다. 야곱도 기분이 상했기 때문에 이때부터 트로이카의 질주는 논쟁에 휘말렸다.

베르누이의 미분방정식은 요한이 만들었다고 하지만 라이프니츠나 야곱도 이미 알고 있었다. 적분 인자를 생각한 것도 요한으로 되어 있다. 현재의 미분방정식의 구적법은 '목소리가 큰' 요한을 중심으로 1697년경에 만들어졌다.

또 1697년에 요한은 최속강하선(brachistochrone)의 문제를 제시했다. 이는 위아래로 떨어진 두 지점 사이를 가장 빨리 내려가려면 사이클로이드에 따라야 한다는 것이다(도쿄와 오사카 사이에 거대한 사이클로이드의 궤도를 만들면 중력의 힘으로 8분 만에 여행할 수 있다). 이 문제에 대해서 라이프니츠

▶ 야곱 베르누이가 쓴 『추론의 예술』

와 야곱 외에 로피탈과 뉴턴도 답을 제보했다. 뉴턴은 자신의 이름을 숨겼지만 요한이 "사자의 발을 보면 그 발이 사자의 것임을 알 수 있다."고 하며 뉴턴을 지명했다고 한다.

야곱은 둘레가 일정한 최대 면적의 폐곡선을 구하는 등주 문제의 변형을 제출했고 4년 동안 형제는 싸움을 계속했다. 이들의 논쟁은 변분법의 기원이 됐다.

야곱은 싸움에 지쳐 51세에 사망했다. 그가 사망한 후에 출판된 『추측법』이 확률론의 출발점이 됐다. 책 속에는 대수(大數)의 법칙이 쓰어 있었다. 어떤 사람은 페르마나 파스칼의 유한확률에 그치지 않고 대량 시행에 결부시킨 베르누이 야말로 '확률론의 진정한 창시자'라고 한다. 또 베르누이 수나 베르누이 다항식도 확률론에 따른 급수의 계산에서 시작됐다.

야곱이 사망한 후 바젤 대학 교수가 된 요한은 마음이 평온했을 것이다. 그러나 1714년, 예전에 3인조가 논쟁했던 공유 재산 '테일러 급수'의 원형에 29세인 테일러가 접근하여 국제적으로 분쟁이 일어났다. 이때 요한의 나이는 50세였고 가상변위의 원리를 세운 것도 이 무렵이다.

그의 만년에는 더 굉장한 일이 일어났다. 요한의 아들 다니엘은 25세에 상트페테르부르크 아카데미에 들어갔다. 2년 후에 동생뻘인 오일러(당시 20세)를 불러들였고 8년 후에 바젤로 돌아왔다. 그때 그는 이미 유체역학을 연구하고 있었다. 그런데 요한은 아들의 연구도 가로챘다. 다니엘이 오일러에게 보낸 편지에 따르면 "나는 10년에 걸쳐 이룬 성과를 잃어버렸어. 나는 빼앗겼어. 내가 정리한 『유체역학』을 모두 아버지가 가져가버렸어. 아버지는 그것을 자신의 『유체학』에 몰아넣고 1732년이라는 날짜를 붙였지(다니엘의 『유체역학』은 1738년에 출판됐다). 이제 아무것도 연구하기 싫어."라

▶ 요한 베르누이의 아들인 다니엘 베르누이도 아버지 못지않은 대수학자였다.

고 되어 있다. 1732년 당시 요한은 65세, 다니엘은 32세였다. 이후 유체역학의 '베르누이'는 부모와 자식 중 어느 쪽인지 확실하지 않다.

그러나 다니엘은 요한이 사망한 후인 1753년에 현의 진동에 관한 일반해인 삼각급수해로 역사에 길이 남는다. 이는 중합의 원리를 이용하여 일반 진동을 단순한 고유 진동으로 분석하고 종합한 것이다. 즉, 19세기부터 20세기의 함수 해석의 기초가 된 고유 함수를 처음 전개했다. 이것을 이어받아 오일러는 달랑베르와 논쟁하면서 함수의 일반 개념을 확립했다.

요한이 80세 무렵에 저작집을 낸 뒤 오일러에게 보낸 편지에는 "나는 고등수학이 아직 유년기에 있을 때 이것을 키우려고 했네. 하지만 자네는 그것을 혼자 힘으로 우리에게 보여주었어."라는 내용이 씌어 있다. 이때 오일러의 나이는 요한의 절반 정도였다.

1748년 1월, 유럽의 세 아카데미에서 군림했던 수학계의 거목 요한 베르누이는 80세의 나이로 세상을 떠났다. 오일러의 『무한해석 개론』이 출판된 것도 그 해였다.

레온하르트 오일러
Leonhard Euler

1707	출생
1727	상트페테르부르크 대학 부교수가 됨
1733	다니엘 베르누이의 뒤를 이어 수학 과장이 됨
1735	한쪽 눈의 시력을 잃음
1741	프리드리히 대왕의 초청으로 베를린 아카데미 일원이 되어 25년 동안 끊임없이 연구 논문을 발표
1748	『무한해석 개론』 출간
1755	미적분학에 관한 교과서 『미분학 원리』 출간
1766	예카테리나 2세의 초청을 받아 러시아로 돌아감. 상트페테르부르크에 도착하자마자 온전했던 한쪽 눈에도 백내장이 생겨 남은 생애를 장님으로 보냄
1768?~1770	『적분학 원리』 출간
1783	사망

수학 때문에 두 눈을 잃다

어떤 사람은 현대 수학의 근원을 독일의 수학자 리만 (Georg F. B. Riemann)이 이루었다고 말한다. 하지만 리만은 가우스의 발상을 연장했을 뿐이었다. 그리고 가우스는 무엇이든 오일러에게 있다고 했다. 결국 오일러에서 시작됨을 알 수 있다.

우리는 수학의 어느 분야에서든 오일러의 공식을 접할 수 있다. 각각은 하나의 수학적 사실에 지나지 않으며, 19세기 수학과 같은 수학적 이론의 성격을 갖고 있지도 않지만 그 사실 속에 이미 이론의 씨앗이 숨겨져 있다. 현대의 수학자가 만든 정리는 대부분 이론의 단편에 지나지 않지만 오일러의 정리는 모두 앞으로 성장해야 할 씨앗이다. 그래서 오일러 이후의 수학자들은 그의 수많은 업적을 선망의 눈길로 바라본다. 오일러가 사망한 지 2세기가 지났지만 그의 유작은 아직 다 정리되지 않았다.

러시아인이 '우리 조국의 수학자 오일러'라고 말한 것은 '대조국 전쟁(독소 전쟁)'의 영향이 크다('우리 조국의 철학자 칸트'라고는 하지 않는다). 오일러가 러시아에서 산 기간은 얼마 되지 않는다. 그는 자신의 전성기 중 20년 이상을 베를린에서 보냈다. 그렇다 해도 그의 인생에 가장 큰 영향을 준 것은 분명 18세기의 러시아였다. 여기에서 그가 스위스인이라는 점은 큰 의미가 없다.

1725년, 보트가 잠기는 것을 보고 엄동설한에 물속으로 뛰어든 표트르 대제가 발열로 53세에 사망했다. 베르누이 가문의 니콜라스(30세)와 다니엘(25세) 형제가 상트페테르부르크 아카데미에 들어간 때도 그해였다. 그때 오일러는 18세였고, 요한 베르누이의 제자로서 니콜라스와 다니엘의 남동생인 요한(20세)과 함께 수학에 전념하기로 결의를 다졌다.

오일러 가문은 바젤에서 오랫동안 점포를 운영했다. 아버지는 목사였는데, 야콥 베르누이에게 수학을 배운 적도 있었다. 오일러는 어릴 때 베르길리우스의 장편 서사시 『아이네이스(Aeneis)』를 암기하여 죽을 때까지 기억하고 있었다고 하고, 후년에는 눈이 침침한 상태에서도 복잡한 수학 공식을 많이 만들어냈다고 전해진다. 어릴 때 책을 많이 읽고 기억을 잘한다는 이야기는 전기 작가가 미화해서 쓴 것이 아니다. 13세에는 바젤 대학 철학부에 들어갔고 15세에 신학부로 옮겼다. 신학을 공부할까, 수학을 공부할까 망설이다가 선배 요한 베르누이 2세의 영향을 받고 목사의 길을 포기했다.

요한 베르누이에게 배우고 바젤 대학을 나와 20세 무렵에 파리 아카데미의 현상 문제에 응모했지만 가작밖에 되지 않았다. 배의 돛대에 관한 문제였는데, 스위스에는 해군이 없었기 때문이라는 사람도 있다. 그러나 오일러는 20년 후에 『항해학』 두 권을 저술했다.

상트페테르부르크에서는 니콜라스와 다니엘이 물리와 수학에서 중요한 위치를 차지하고 있었다. 하지만 다니엘이 의학이라면 가능성이 있다고 알려주어서 바젤에 있던 오일러는 생리학을 배우기 시작했다. 이때 오일러의 음향학 연구는 귀의 구조에 유래했다고 한다. 그리고 1727년, 20세의

오일러
•

오일러는 북쪽으로 여행을 떠났다.

표트르는 죽을 때 "후계자는⋯⋯."이라고 하며 숨을 거두었지만 근위 장교가 "황후를 황제로!"라고 외쳤다. 그래서 황후 예카테리나가 여제(女帝)가 됐다. 오일러가 상트페테르부르크에 도착한 때는 2년간 재위한 여제가 죽은 날이었다. 제위를 둘러싸고 분쟁이 일어났고 결국 어린 표트르 2세가 왕위를 물려받았다. 그러나 음모가 일어난 3년 후, 황제는 결혼식 당일에 천연두로 급사했다. 그래서 37세의 미망인 안나(Anna I. Romanov)가 여제가 됐다. 그녀는 대관식 직후에 "여제는 남자를 가까이 하지 않는다."는 서약서를 파기하고, 죽은 남편의 영지에서 데려온 독일인에게 러시아의 정권을 넘겨주었다. 안나의 치세 10년이 오일러의 제1차 러시아 체류기였다.

이 시기에 『역학』(1736)을 썼으며 '오일러 적분'이나 '오일러 함수' 등 오일러의 이름이 들어간 해석이나 수론의 주요 소재는 모두 이때 만들어졌다. 22세부터는 물리를 연구했고, 26세에는 스위스로 귀국한 다니엘을 대신하여 수학 강좌를 맡았다. 이 해에 고향이 같은 화가의 딸 카타리나와 결혼했다. 아이를 13명이나 낳았지만 5명만 자랐으며,

▶ 오일러의 얼굴이 들어간 스위스 지폐

후에 천문학자, 의사, 군인이 됐다. 그러나 불행스럽게도 오일러는 28세 때 오른쪽 눈을 실명하고 '애꾸눈 오일러'라는 별명을 얻었다. 별의 운행을 계산하느라 피로가 쌓였기 때문이라는 설도 있다.

1740년, 프로이센에서는 베를린의 칠인왕 프리드리히 2세가 즉위했고 상수시궁에 유럽 문화의 정수(精粹)를 모으려고 했다. 한편 상트페테르부르크에서는 이 해에 여제 안나가 죽고 생후 2개월 된 이반 4세를 둘러싸고 음모가 벌어졌다. 쿠데타로 표트르 대제의 딸 엘리자베타(Yelizaveta

Petrovna)가 여제가 된 것은 1년 후이다. 라이프니츠의 베를린 아카데미가 부활했고, 33세의 오일러는 상트페테르부르크에서 베를린으로 옮겼다. 베를린에 온 오일러가 '예', '아니요' 이외의 독일어를 말하지 않은 것을 수상하게 여긴 황태자비가 그 이유를 묻자 그는 "그 이외의 말을 하면 교수형에 처해지는 나라에서 왔기 때문입니다."라고 대답했다.

그는 59세까지의 다작기를 베를린에서 보내고, 이전에 라이프니츠가 소피 샤를로테와 이야기를 나눈 샤를로텐부르크 부근에 땅을 얻었다. '오일러 공식'이나 '오일러 각'을 포함한 『무한해석 개론』(1748), '오일러-달랑베르 조건'이나 '오일러 지표'를 포함한 『미분학 원리』(1755)를 쓴 것도 베를린에 있을 때였다. 그러나 『미분학 원리』는 '오일러 곡률' 등을 포함한 『적분학 원리』(1769~1970)와 같이 러시아에 귀국한 후 상트페테르부르크에서 발간했다. 엘리자베타의 상트페테르부르크 아카데미는 베를린에 체재하고 있던 오일러에게 계속 연금을 주기도 했다.

베를린 아카데미는 1744년에 모페르튀이(Pierre L. M. de Maupertuis)를 맞아 확립됐다. 이때 프리드리히와 볼테르(Voltaire)의 아카데미를 둘러싼 분쟁에 오일러도 휘말렸다. 프리드리히의 스승인 볼테르는 희대의 독설가, 아카데미 회원 모두를 신랄하게 꼬집었다. 결국에는 프리드리히와 싸움을 벌여 1752년에는 파리로 갔지만 볼테르가 철학 논쟁을 할 때 오일러는 이기기 좋은 상대였다고 한다.

프로이센을 둘러싼 정세도 복잡했다. 프리드리히는 1740년에 즉위한 후 강인한 오스트리아 계승 전쟁에서 여제 마리아 테레지아(Maria Theresia)를 괴롭혔다. 그러나 여자가 한번 복수의 칼을 갈면 무서운 법이다. 그녀는 러시아의 엘리자베타와 프랑스의 진정한 실력자 퐁파두르 부인(Marquise de Pompadour)과 결탁하여 3파 포위망을 완성했다. 그래서 7년 전쟁이 일어난 1760년에는 오일러의 샤를로텐부르크는 기병에게 유린당했다. 그 다음 해에 어머니가 사망했다(아버지는 1740년경에 사망). 그때 오일러는 50대 중반이었으며, 가족은 18명이었다.

7년 전쟁은 기묘한 결말을 맺었다. 여제 엘리사베타가 폭주와 음란으로 급사하자 프리드리히의 숭배자이며 머리가 별로 안 좋은 표트르 3세가 즉위했고, 베를린 함락 직전에 화평이 성립됐다. 화평 기념 축하회에서 "프리드리히 만세!"를 외치며 건배할 때 의연하게 기립을 거부한 황후가 바로 쿠데타를 일으킨 예카테리나 2세이다. 왕은 아끼던 바이올린과 애견, 시종과 애인을 데리고 가게 해 달라고 했지만 애인은 거부당했다. 그리고 얼마 후 옥사했다. 예카테리나는 12명의 남자 첩을 거느렸다.

오일러는 59세 때 다시 예카테리나의 상트페테르부르크로 옮겼는데, 그에게도 늙어가는 괴로움이 찾아왔다. 64세 때 상트페테르부르크의 큰 화재로 집이 모두 타버리고, 왼쪽 눈에 찾아온 백내장을 수술했지만 실패하여 완전히 실명하고 말았다. 다음 해에는 40년이나 함께 했던 아내와 사별했다. 당시 가족은 30명이었다. 푸가초프의 반란으로 예카테리나가 죽은 남편의 망령을 두려워한 때였다.

그러나 그 무렵 상트페테르부르크에 온 디드로(Denis Diderot)를 예카테리나가 쫓아버리는 데 한몫했다는 일화도 있다. "각하, $(a+b^n)/n=x$입니다. 그러므로 신은 존재합니다."라며 디드로의 무신론을 묵살시켰다고 한다. 이것은 드모르강(Augustus de Morgan)의 이야기지만 사실이라면 나는 그를 좋아할 수 없다. 볼테르에게 상당히 단련된 것 같다는 느낌이 든다. 볼테르의 원수를 디드로에게 갚은 것일까? 이때 디드로는 60세 정도였고 오일러는 70세에 가까웠다.

오일러는 놀랍게도 70세의 나이로 카타리나의 여동생인 살로메와 재혼했다. 이 시기에 눈이 완전히 멀었지만 수학 실력은 여전했다. '오일러 방정식'을 포함한 변분법의 저작 『극대 또는 극소의 성질을 가진 곡선을 발견하는 방법』(1774)은 67세 때 썼다.

1783년 9월 18일, 평상시처럼 천왕성 궤도를 계산하고 손자와 놀던 오일러는 갑자기 "나는 이제 죽는다."라는 말을 남기고 쓰러졌다. 향년 76세였다.

장 르 롱 달랑베르
Jean Le Rond d'Alembert

백과사전을 만든 사생아

클로딘 탕생은 포병 장교 데투시의 아이를 낳자마자 장르 롱 교회의 계단에 버리고 새 애인을 만나러 갔다. 버려진 아기는 교회 이름을 따서 장 르 롱이라 불렸다. 나중에 양아버지가 다렌버그라는 이름을 지어줬지만 이후 달랑베르로 바꾸었다. 1세기 전 포르루아얄파의 파스칼을 탄압한 것은 예수회였지만, 18세기에는 포르루아얄파의 고등법원이 예수회를 쳐부수었다. 이때 이 젊은이가 두각을 나타냈다.

이런 멋진 남자를 살롱에서 가만둘 리 없었다. 당시 이름을 날린 2대 살롱은 조프랭 부인과 데팡 부인의 살롱이었다. 조프랭 부인은 유리 공장 감독의 딸로 폴란드 왕 스타니슬라스를 '아들'이라고 불렀다. 그녀는 색기는 별로 없었으나 탕생 부인의 후계자였고 달랑베르도 이 살롱의 단골이었다. 달랑베르에게 '자유의 노예'라는 별명을 지어준 데팡 부인은 월폴(Horatio Walpole)과 복잡한 정사(情事)를 나눴으며, 볼테르와 밀접한 관계를 유지하기도 했다. 볼테르의 애인 샤틀레 부인은 뉴턴의 『프린키피아』의 번역자로도 알려져 있지만 근위 대위와 바람을 피운 후 출산 사고로 사망(태아는 볼테르가 아니라 대위의 아이였던 것 같다)했다.

이 당시의 일을 조사하면 끝이 없지만 줄리 드레스피나스만은 언급해야겠다. 줄리는 데팡 부인의 동생뻘로 데팡 부인이 살롱을 열기 한 시간 전에 자신의 작은 살롱을 열었다. 하지만 그것을 데팡 부인에게 들켜서 쫓겨나고 말았다.

이후 그녀는 조프랭 부인의 살롱을 드나들며 달랑베르와 동거를 시작했다. 그러나 달랑베르는 여자를 사랑하지 않는 성향이 있었다. 그래서인지 줄리는 모라 후작과 기베르 백작과 연애를 즐기기도 했다. 하지만 달랑베르의 품 안에서 세상을 떠났다. 달랑베르는 이때 '마드모아젤 드레스피나스의 영혼에게'라는 글을 썼다.

살롱은 사생아 외에 계몽주의 문화를 낳았다. '계몽'이라고 하면 왠지 그 자리에서 만든 지식을 퍼뜨리는 것 같고, 『백과전서』라고 하면 잡다한 지식을 모아놓은 것을 연상할지도 모른다. 하지만 19세기 전문주의 이전의 계몽주의는 "무엇이든 알아두자."라는 지적 탐욕을 뒷받침했다. 여자를 밝히면서 '조신함'을 논하여 살롱에서 소외됐던 루소(Jean-Jacques Rousseau)가 이 일파와 절교한 것도 어쩌면 자연스러운 일이다.

반대로 이성에 대한 확신을 뒷받침한 18세기 계몽주의를 과학의 승리로 평가하는 입장도 있다. 개화된 절대주의 군주는 19세기 근대 국가가 국민의 지적 수준을 기반으로 성립될 것이라는 전조를 느꼈다. 그래서 신흥국 프로이센의 베를린 아카데미와 러시아의 상트페테르부르크 아카데미는 달랑베르를 초청하는 데 열의를 보였다. 결국에는 방문만 하고 자신은 인재 파견사에 머물렀다. 아마 그는 당시 국제 비밀 조직인 '프리메이슨'의 간부였던 것으로 보인다.

달랑베르는 『백과전서』를 편찬함으로써 볼테르나 디드로와 이깨를 나란히 하는 중심인물이 되었다. 달랑베르가 서문을 쓴 『백과전서』는 19세기 전문주의의 파국을 맞은 현대에서 오히려 새로운 감동을 느끼며 읽을 수 있다. 물론 200년 전의 일이기 때문에 오역이 있을 수도 있지만 현대의 백과사전 정신을 되살리는 데 한몫할 것이다.

이와 같이 달랑베르의 역사적 의미는 수학에만 국한하지 않는다. 그렇다고 수학에 대한 비중이 낮다는 의미는 아니다. 잘 알려져 있듯이 급수에 대한 달랑베르의 판정법, 파동방정식의 미분연산자는 달랑베르 연산자, 뉴턴 역학을 정역학적으로 보는 것을 허용하는 달랑베르의 원리 등 그의 이름으로 된 이론들은 많다. 1747년 『백과전서』의 편집을 맡았을 당시 그는 아직 30세 청년이었지만(살롱 출입은 그 전) 이미 일류 수학자였다.

역사적 위치에서 볼 때 그는 뉴턴이나 라이프니츠의 사상을 결정화하고 개념 형식을 실체화했다. 라이프니츠의 엔텔레케이아(entelecheia)*의 형이상학을 에너지 개념으로 이끈 것도, 뉴턴의 미분에 철학의 극한에 대한 지향성을 부여한 것도 모두 달랑베르이다. 이 발상은 18세기에서는 예외적으로 무한급수의 수렴성에 명시적으로 접근한 수학자라는 명예를 안겨주었다.

달랑베르는 『백과전서』에서 17세기부터 19세기에 이르는 수학의 흐름을 이야기했다. 그는 수학 형식이 의미로부

---

* 완전현실태(完全現實態). 아리스토텔레스의 철학용어. '목적이 있어 있는 것', 즉 목적을 달성하여 완전한 상태에 있는 것을 말한다.

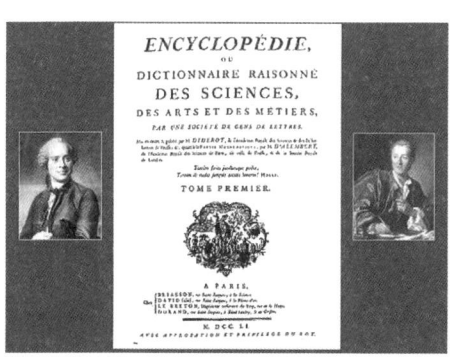

▶ 달랑베르와 디드로가 감수하여 간행한 『백과전서』

터 자립할 수 있다는 사실을 알고 수학적 세계의 자립을 예견했다. 선형미분방정식의 일반 해석과 특수 해석의 관계가 가지는 의의를 지적하기도 했는데 이것은 수학의 '선형성' 지배에 대한 가장 빠른 예언이다.

이 부분은 구체적 사실이라기보다는 표현을 어떻게 해독하느냐에 따라 평가가 나뉘기도 한다. 더욱이 오일러의 다작(多作)에 가려져 달랑베르를 강조하지 않는 수학자도 있다. 그러나 수학자들의 모임인 부르바키(Bourbaki)가 펴낸 『수학사』에는, 그들이 현대의 백과전서파이기 때문인지, 달랑베르를 많이 인용했다.

달랑베르의 19세기를 향한 선구적 업적은 대수방정식이 복소수의 범위에서 근을 가진다는 사실을 발견한 것이다. 이 발견으로 '가우스 정리'라는 기본 정리를 증명했다. 가우스는 1746년의 달랑베르의 증명을 50년 후에 완성했다. 달랑베르의 결함을 지적하면서도 "증명의 진정한 도리는 어떠한 반론에도 영향 받지 않는 것이다."라고 썼다.

또 해석함수의 기초방정식 '코시-리만의 방정식'은 '달랑베르-오일러의 조건'이라고도 하는데, 달랑베르는 이 방정식을 최초로 발견한 사람 중 한 명이다.

이는 19세기 수학적 흐름에서 두드러지는 것으로 복소수의 세계를 무대로 펼쳐지는 오페라의 전주곡이라 해도 무방할 것이다. 가우스의 힘 있는 바리톤으로 19세기가 개막되기 전에 오케스트라에는 오일러와 라그랑주라는 연주자가 있었고 달랑베르는 그들의 매니저 겸 지휘자였다.

달랑베르의 이름이 길이 남는 이유는 또 있다. 전파 속도 c의 파동방정식에 대해 x±ct라는 일반함수에 의한 '달랑베르의 해법'을 논했기 때문이다. 이것도 19세기 수리물리학의 전주곡이었다.

그리고 그것은 다니엘 베르누이의 삼각급수해에서 '푸리에 급수론'을 이끌어냈다. 그러나 달랑베르보다 30년 전에 테일러가 삼각함수를 통한 정상 해법을 알아냈다고 한다. 달랑베르의 해법(1747)이 1750년에 발표되자 오일러가 초기 조건과 연결 지은 형태('스토크스의 법칙'의 원형)를 만들었고 베르누이의 급수해가 1753년에 나온 것이다.

문제는 달랑베르가 만든 일반함수해의 계보와 베르누이의 삼각급수해의 계보가 다르다는 것이었다. 이는 '일반함수'를 논의하는 출발점이 됐다. 푸리에 급수론은 19세기에 들어서면서 여러 가지 문제로 발화됐지만 이것 또한 역사의 시작이었다.

이렇게 보면 30세의 청년이 18세기 한가운데에서 얼마나 많이 19세기를 예측했는지 알 수 있다.

백과전서파 중에서 심술궂은 볼테르나 사기꾼 같은 디드로와 달리 달랑베르는 꽃미남이었다. 그러나 훤칠하고 미남인 달랑베르는 『백과전서』로 인해 '콜레주'의 교육론으로 예수회와 격돌하고 제네바에서는 칼뱅파를 곤혹스럽게 했다. 그리고 연극론으로 루소와 설교했다는 이야기가 있다. 데팡 부인의 운동으로 아카데미에 들어갔지만 무신론자였기 때문에 세 번 떨어지고 네 번째에 당선됐다. 아카데미에서는 추도 연설을 할 기회가 많았는데, 죽은 이를 찬미한다기보다 오히려 살아 있는 자를 풍자하는 일에 관심이 많았다고 한다.

조제프 루이 라그랑주
Joseph Louis Lagrange

여자들에게 둘러싸여

1766년, 프리드리히 2세는 7년 전쟁의 궁지에서 벗어났다. 59세의 오일러가 상트페테르부르크로 가자 그는 '세계 제일의 군주'로서 국제적 문화인이었던 달랑베르(49세)에게 '세계 제일의 수학자' 자리를 부탁했다. 그러나 파리의 살롱에 묻혀 있던 달랑베르는 자기 대신 토리노 아카데미의 지도자 라그랑주를 추천했다.

토리노 출신이라고 해도 라그랑주는 네가르트와 한집안 계통이었다. 아버지는 사르데냐 육군의 회계 장관이었고, 어머니는 토리노의 유서 있는 의사의 딸이었다. 그에게는 11명의 형제가 있었지만 착실하게 자란 사람은 라그랑주뿐이었다. 풍요로운 생활을 했을 것 같지만 아버지가 주식에 실패하여 재산을 잃었기 때문에 나름대로 고생을 했다. 18세에 토리노 육군 포병 학교의 교관이 됐고, 여기서 자기보다 나이 많은 포병들에게 수학을 가르쳤다. 해석역학의 계획을 세운 것은 이 무렵부터였으며, 오일러와 함께 변분법을 완성했다는 명예를 안았다.

라그랑주는 22세 때부터 담화회를 주최했고 나중에는 토리노 아카데미로 발전시켜 쇠퇴하는 이탈리아 문화를 위해 노력했다. 또한 수학으로 이름을 떨치고 선배 오일러나 달랑베르와 편지를 주고받으며 재능을 인정받았다. 그는 위가 약하고 전형적으로 힘이 없는 체질이었다. 이를 알고 있던 달랑베르는 그에게 밤을 새우지 말라거나 커피나 홍차를 너무 많이 마시지 말라고 자주 충고했다. 처음 파리로 여행 갔을 때에도 프랑스 요리를 너무 많이 먹어서 금세 위장병에 걸렸다고 한다.

20대 때는 진동론과 유체역학, 천체역학 등으로 유명했다. 그 속에는 쌍대성이나 고윳값 등 19세기 선형대수의 기본 개념을 포함하고 있다.

베를린에서 지냈던 30대 초반은 2차식의 수론이나 대수방정식의 해결 가능성과 같은 19세기의 가우스-갈루아형 방법론의 선구자로 지냈다. 대수방정식의 근의 존재 정리에 대해 가우스의 선구자가 된 사람도(20년 전의 달랑베르가 있지만) 1770년대의 라그랑주와 완전히 눈이 먼 오일러였다. 라그랑주는 오일러보다 30세 정도 어렸지만 수학적인 면에서는 공통점이 많았고, '라그랑주의 공식' 또한 오일러만큼은 아니지만 자주 볼 수 있었다.

그러나 라그랑주는 오일러처럼 눈이 멀 때까지 수학 공식을 계속 만들어 내는 타입은 아니었다. 그는 자신이 만든 공식이 쌓여가는 것에 싫증을 냈고, 40대 중반에 이미 인생이 끝났다고 생각하여 "수학 같은 거 때려치웠다."는 말을 입에 달고 다녔다. 베를린에 간 후 아내가 병사했기 때문인지도 모른다. 그 대신 프리드리히는 철학을 논쟁할 때 자주 반항하던 오일러보다 항상 온화한 라그랑주를 좋아했다. 그러면서 한쪽 눈의 수학자보다는 양쪽 눈의 수학자가 낫다고 말했다.

라그랑주는 주식을 좋아하던 아버지 때문에 고생은 했지만 결국 잘 자랐으며, 아이가 많은 오일러와 달리 세상 물정을 잘 알고 있었다. "수학 같은 거 때려치웠다."는 말은 45세 때 달랑베르에게 보낸 편지에 씌어 있었지만 실은 그때

▶ 라그랑주의 얼굴이 들어간 우표

18세기 수학을 상징하는 기념비적인 대작 『해석역학』을 완성했다. 그 책을 출판하는 일이 잘 이루어지지 않았지만 라그랑주는 전혀 걱정하지 않았다. 그런 점을 보면 참 대범한 인물이다.

베를린 아카데미는 프랑스를 좋아하는 프리드리히 때문에 프랑스 수학자 모페르튀이가 원장을 맡은 적이 있다. 그러나 프리드리히가 사망하자 그 반동으로 프랑스인이 살기에는 별로 좋은 곳이 못 됐다. 그래서 51세의 라그랑주는 루브르에 거처를 얻어 베를린에서 도망쳤다. 그곳에서는 마리 앙투아네트의 눈에 들었다. 라그랑주의 관심은 수학이나 물리학보다 사상, 언어, 종교, 생명 등에 있었다. 반세기를 살고 온화하게 인생을 논하는, 조금은 현실도피적인 중년의 신사 라그랑주는 바로 그런 이미지였다. 그러니 욕구 불만에 가득 찬 아리따운 마리 앙투아네트의 상대로서는 안성맞춤이었다.

이 무렵 『해석역학』(1788) 전 5권이 발간됐지만 라그랑주는 보지도 않았다. 7살 연하의 라부아지에(A. L. Lavoisier)

가 연소 이론으로 화학 분야에 새로운 시대를 열었던 때는 1777년이었다. 라그랑주는 이 어린 친구와 친하게 지내면서 항상 "수학이나 물리 연구는 뉴턴이 다 해 버렸기 때문에 더 이상 할 것이 없다. 앞으로의 과학은 '화학의 시대'이다."라고 말했다. 혁명 전 시대의 폐색이 그에게 투영됐던 것 같다. 살롱에서도 말없이 조용히 창밖을 바라보는 일이 많았다고 한다.

그러나 1789년 7월 14일, 세계는 움직이기 시작했고 이날부터 라그랑주는 제2의 인생을 살기 시작됐다. 그는 시대의 변화에 관심이 깊었다고 한다. 라그랑주는 마리 앙투아네트의 총애를 받았기 때문에 잘 알고 지내던 천문학자 르모니에(Pierre Charles Lemonnier) 집에 몸을 숨겼다. 그런데 여기서도 르모니에의 딸이 그를 연모했다고 한다. 어린 여자에게도 인기 있는 중년의 라그랑주였다. 마리 앙투아네트도 20세 연하였지만 르모니에의 딸은 30세 연하로, 1792년에 결혼했을 때 라그랑주는 56세였다. 이후 파리의 시민들은 젊은 아내를 데리고 기쁜 듯이 무도회를 찾는 백발의 수학자를 자주 보았다.

다음 해에는 도량형제도 개혁 위원장이 되어 미터법을

제정하는 데 주도적 역할을 했다. 여기에서도 사람들에게 호감을 샀다. 약삭빠르게 처신하는 라플라스(Pierre Simon de Laplace)는 위원 자리에서 해임되고, 라부아지에는 세금 청부인으로 고발되어 감옥에 갇히는 신세였지만 라그랑주는 마지막까지 대위원장을 맡았다. 그리고 십진법을 통한 보편적 수량의 세계를 열었다. 즉, 수학에서만 존재했던 '수의 세계'를 현실 세계에서 공유할 수 있었던 것은 라그랑주 때문이었다. 그는 1794년 5월 8일, 친구 라부아지에가 단두대의 이슬로 사라지는 모습을 보고 큰 충격을 받았다. '최고의 존재와 자연의 축제'가 있기 한 달 전이었다.

그 후 테르미도르 반동이 일어나고 총재 정부가 들어서자 에콜 노르말 교수와 에콜 폴리테크니크 교수 등을 맡으면서 새로운 프랑스의 과학 교육을 주도했다. 그리고 수많은 명강의를 남긴 뒤 1797년에 『해석함수론』을 발표했다. 1798년 나폴레옹 이집트 원정과 1799년 브뤼메르 18일 사건이 있은 뒤 1801년에 『함수해석 강의』를 썼다. 1804년 나폴레옹이 황제가 됐을 때 라그랑주는 68세였다. 나폴레옹은 기지가 풍부하고 교양 있는 노년의 라그랑주와 세계나 과학에 대해 이야기하는 것을 즐겼다.

라그랑주는 프리드리히 대왕, 마리 앙투아네트, 나폴레옹 황제, 왕후 등 누구에게나 사랑받았지만 명예보다는 오히려 정숙함을 좋아했다. 그의 만년도 로마 철학자의 이상에 가까웠다(실제 로마 철학자의 현실은 의외로 세속적 욕망에 가득 찼다고 한다). 라그랑주는 죽음과 노쇠함조차도 기쁘게 받아들였다. 죽기 이틀 전에 몽주가 병문안을 왔을 때 "더 나쁜 아내를 두었더라면 안심하고 죽을 수 있을 것이다. 아내가 내 죽음을 슬퍼하지 않았으면 좋겠는데, 아내가 내 죽음을 슬퍼하는 것이 마음에 걸린다."는 말을 했다.

이렇게 1813년 4월, 77세의 라그랑주는 더 이상 세련된 취미를 누릴 수 없었다. 그 전의 겨울, 러시아에서는 첫눈이 일찍 내렸고 나폴레옹은 처음으로 패전의 쓰라린 맛을 보았다.

가스파르 몽주
Gaspard Monge

나폴레옹의 최측근

몽주가 고안한 '화법기하학'은 공학부 제도 기술의 기초와 같아서 수학으로는 취급되지 않을 때가 많다. 이것은 19세기의 이공 분리, 이른바 '과학과 기술의 분리'의 산물이다. 몽주는 '과학과 기술의 결합'을 이상으로 한 에콜 폴리테크니크를 창설했다. 그가 낳은 화법기하학은 '결합의 상징'임에도 불구하고 20세기에 '분리의 상징'처럼 여겨진다니 참으로 안타까운 일이다.

몽주의 아버지는 본에서 칼 가는 행상인이었지만 자식세 명을 교육시키는 데는 온 힘을 다했다. 종교 교단의 학교에 입학시킨 점으로 보아 그 교단은 오라토리오파라는 설도있지만 전기 작가에 따라 의견이 다르다. 직업으로 보면 프리메이슨이 아니었을까 하는 생각도 든다. 어쨌든 몽주는 학교에서 특별 우등생이었고, 14세에 소화 펌프를 만들고 16세에 측량 기계를 고안하여 본의 지도를 정밀하게 제작했다. 그래서 교단의 지배하에 있는 리옹 전문학교의 교사로 추천됐고, 동시에 교단 가맹을 요청받았다.

그러나 몽주의 지도에 감동한 공병 사관이 그에게 메지에르 사관학교에 입학하라고 권했다. 하지만 평민 출신으로는 공병 장교가 될 수 없었기에 결국 그 밑에서 일하는 측량 계산가가 됐다. 그는 계산하지 않고 작도하는 방법을 고안했는데, 그것이 화법기하학이다. 상관은 이것을 프랑스 군사 기밀로 삼았고, 몽주는 22세 때 이 학교의 교관이 됐다. 화법기하학은 15년 후에 에콜 노르말 쉬페리외르에서 공개됐다.

어느 날, 파티에 참석한 몽주는 오르봉 부인이라는 여성을 험담하는 한 남자를 보고 의협심에 불타 그 여성을 감싸주었다. 이를 계기로 몽주는 31세 때 20세의 아름다운 미망인 오르봉 부인과 결혼했다.

몽주의 인생 전반기는 군 관계의 공학자로 시작된다. 34세 때부터 루브르 수역학 연구소장을 겸임하고 37세 때부터는 해군 장교 후보 시험관이 됐다.

1789년 43세 때 프랑스 혁명이 시작됐다. 그는 라그랑주보다 10살이 어렸는데, 그만큼 적극적으로 혁명에 가담해 자코뱅당에서 혁명 정부의 해군대신이 됐다. 1793년 6월 2일에는 지롱드당을 추방하는 데 앞장섰다. 혁명 방위 전쟁의 실질상 무기 책임자는 47세의 기하학자 몽주와 49세의 화학자 베르톨레(Claude-Louis Berthollet)였다. 염수 표백의 발견자이기도 한 베르톨레가 화약을, 몽주가 총포를 담당했다. 실제로「대포제조술」이라는 팸플릿을 쓰기도 했는데『구근재배법』보다 본격적이었다.

다행히 두 사람 모두 공포 정치기와 테르미도르 반동기에는 모습을 감추었다. 몽주는 에콜 노르말 쉬페리외르와 에콜 폴리테크니크에서 신(新)교육에 힘썼다. 1795년의 『화법기하학』과 함께『기하학에의 해석학의 응용』은 이때 한 강의로, 미분기하의 창세기를 장식하고 편미분방정식으로 미분식의 선구가 된다. 이것은 어떤 순수 수학자라도 '수학상의 업적'으로 인정할 수밖에 없다.

그런데 총재 정치기가 됐을 때 50세였던 몽주에게 젊은 포병 사관이 편지를 보내왔다. 바로 4년 전 몽주가 해군대신이었을 때 돌봐준 27세의 이탈리아 파견군 사령관인 나폴레옹 보나파르트(Napoléon Bonaparte)였다. 그리하여 몽주는 이탈리아에 가서 미래의 황제에게 이탈리아 문화를 강의했다. 이때도 단짝인 베르톨레와 함께 갔다. 사령관은 라 마르세예즈를 좋아하는 이 기하학자를 위해 매일 식사 때 군악대에게 연주를 하라고 명령했다. 다음 해에는 이탈리아 현지 사령관인 루시앙 보나파르트가 있는 곳에 치안 대책 특사로 가서 온건파를 회유하는 작전을 세우기도 했다. 이후에도 보나파르트 가문과 깊은 인연을 맺었다.

1798년, '야만에서 해방시키고 문명의 은혜를 주기 위해' 프랑스군은 이집트 원정을 계획했다. 주목적은 영국과 인도의 통로를 끊는 것이었지만 이집트 고대문화를 조사하기 위해 나폴레옹은 학예 위원회와 함께 출발했다. 유명한 로제타석을 발견한 것도 이 위원회였다.

위원회의 중심은 물론 몽주와 베르톨레였으며, 몽주가 좋아하는 푸리에도 있었다. 우선 몰타 섬을 점령하고 프랑스풍의 학교 제도를 만들었다. 이어서 알렉산드리아에 도착했는데 몽주 일행이 탄 작은 배가 나일 강을 건너는 도중에 공격을 받았다. 보고를 받은 나폴레옹 장군이 혼자 말을 타고 그들을 구하러 갔는데 모래섬에 좌초한 작은 배에서 대포를 발사하고 있는 52세의 기하학자 모습을 목격했다.

이렇게 피라미드 전쟁에서 승리하고 이집트에 아카데미를 세웠지만 지중해를 지배하는 제해권은 영국군의 손에 들어갔다. 이탈리아의 치안은 몽주의 조언을 받아들이지 않아

▶ 몽주를 기념하는 두상과 기념판

엉망이 됐고, 본국인 파리에서는 왕당파가 쿠데타를 일으켰다는 소문이 들려왔다. 나폴레옹은 카이로에 고립되어 몇몇 부하들과 함께 이집트를 탈출하려고 했고 큰 부대는 내버려둔 채 가버렸다. 푸리에 등은 남겨진 부대에 속해 있었다.

몽주와 베르톨레는 나폴레옹과 함께 탈출했다. 영국 배를 만났을 때 배를 자폭시키는 것이 몽주의 역할이었는데 다행히 가장 처음에 만난 것은 프랑스 배였다. 그때 몽주는 배 아래쪽의 화약고에서 램프를 손에 들고 있었다. 이렇게 해서 몽주와 베르톨레는 거지꼴이긴 했지만 파리로 돌아올 수

있었다.

브뤼메르 18일 후에는 에콜 폴리테크니크 교장이 됐고, 나폴레옹이 황제가 됐을 때는 백작이 됐다. 라 마르세예즈를 좋아하는 백작이라니! 별로 멋지지는 않지만 학생들이 대관식 출석을 거부하여 정부가 탄압했을 때에는 방벽이 되어 주었다. 이 학교의 '진보와 자유'의 전통을 이야기할 때는 언제나 몽주의 이름이 상기된다.

몽주는 나폴레옹을 매우 그리워했으며, 러시아 원정의 비보를 들었을 때는 졸도했다고 한다. 엘바 섬, 그리고 워털루 패전 때 몽주는 69세였다. 그래도 나폴레옹이 아메리카 대륙의 문화적 정복 계획을 이야기했을 때는 진심으로 참가할 작정이었다. 나폴레옹이 나이가 많다며 만류하자 더 젊은 협력자를 찾아주러 나섰지만 아라고(François Arago)는 그저 웃음으로 넘겼다.

결국 나폴레옹은 세인트헬레나 섬에 유배됐고, 혁명의 꿈이 깨진 70세 노인은 부르봉 가문에 의해 아카데미에서 추방당했다. 당시 파리 빈민굴에는 자코뱅당의 몰락한 노인들이 많았는데, 그중에 몽주도 있었다.

러시아 전쟁 때 졸도한 것은 정신적 충격뿐 아니라 뇌의 노화 때문이기도 했고, 이때 치매도 앓았던 것 같다. 자코뱅 당원, 해군대신, 백작, 에콜 폴리테크니크 교장, 수학자였지만 결국 부랑자가 된 노인은 비틀거리는 다리로 걸어 다니며 낮은 목소리로 무언가를 웅얼거렸다. 입가에 귀를 가까이 대고 잘 들어보면 그것은 라 마르세예즈 멜로디였다.

그래도 그가 72세 나이에 아내(오르봉 부인)의 간호를 받다 사망하자 에콜 폴리테크니크 학생들은 장례식을 계획했다. 정부는 장례식 당일 묘지 출입을 금지했지만 다음 날 화환을 들고 묘지로 향하는 학생들의 모습을 볼 수 있었다.

장 밥티스트 조제프 푸리에
Jean Baptiste Joseph Baron de Fourier

혁명에도 흔들림 없이

프랑스 혁명 후의 격동기를 산 사람들은 푸셰(Joseph Fouché)나 탈리앙(Jean-Lambert Tallien) 정도는 아니더라도 나름대로 입장을 어떻게 조정할까 고민했다. 정권이 바뀔 때마다 저서의 서문을 다시 쓴 라플라스는 인격이 별로 좋지 않아서 그랬는지 험담을 맨 처음에 썼지만 푸리에는 오히려 전기(傳記)를 읽고 즐거워했다.

푸리에는 오제르에 있는 양복점 아들이었는데 8세 때 고아가 됐다. 그 후 오제르의 주교가 그를 길렀고 베네딕트파 학교에서 자랐다. 12세에 주교의 설교를 대필했는데, 재기 넘치는 만큼 요령도 좋은 아이였다. 수학자의 전기를 보면 항상 그렇듯 푸리에도 수학의 매력에 빠졌다고 한다.

1789년 7월, 푸리에는 21세 때 생 브노아 수도원에 들어 갔는데 방정식론의 논문을 과학 아카데미에 제출하려고 파 리로 갔다. 몽주가 그의 논문을 인정해주었고, 오제르의 사 람들도 이 젊은 투사를 응원했다.

프랑스 혁명은 푸리에가 성직자가 되기 직전에 그의 인생 을 정치와 교육, 수학 방면으로 돌려놓았다. 26세 때는 몽주 가 그를 에콜 폴리테크니크로 불러들였다. 방정식의 근(根) 에 관한 '푸리에의 정리'는 이 무렵에 행한 강의에서 나왔다.

30세 때는 나폴레옹의 이집트 원정군의 학예 위원회 일 원이 됐다. 그러나 피라미드 전쟁 후 나폴레옹이 없는 이집트 아카데미에 남겨졌다. 푸리에가 에콜 폴리테크니크에서 한 강의는 수학의 역사적 기원에 대한 명강의였기 때문에 이집 트 체재도 꼭 나쁘지만은 않았다. 당시에 그는 고고학에 심취 해 있었다. 이집트 문명의 위대함에 감동을 받은 것인지 파라 오의 저주를 받은 것인지 위대한 문명은 극심한 더위와 같은 악조건에서 생긴다는 신념을 품게 된다. 이 시기의 푸리에는 문화적 수완과 동시에 행정적 수완도 발휘했다.

3년 후에 귀국하고 나서는 그르노블의 지사로 임명됐다. 정치적 수완이 좋은 최고의 지사였다. 토리노로 향하는 도로를 건설하고 부르주아 소택지를 간척하는 등의 업적으로 나폴레옹에게 남작 지위를 받았다. 인습에 젖은 시민들은 이교도인 이집트 문명의 숭배를 마음에 들어 하지 않았다. 하지만 빈틈없는 푸리에는 이집트에서 훈련된 기술을 이용해 지방의 기독교 유적을 발굴했다. 이후 시민들에게 인기가 높았다.

푸리에는 이집트에 있을 때 더위 속에서 사색하는 이상한 습관이 배었다. 이것이 점점 심해져 여름에도 습기 찬 방안에서 온 몸에 붕대를 감고 유클리드처럼 사색을 즐겼다. 그때 생각한 것이 '열의 이론' 이었는데 묘한 우연의 일치다.

푸리에의 『열 분석 이론』은 1822년에 발간됐다. 나폴레옹이 세인트헬레나 섬에서 숨을 거두고, 이제 두 번 다시 옛 황제와 얼굴을 마주할 수 없었지만 그르노블 지사였을 때와 바뀐 점은 없었다. 푸리에가 처음으로 열전도론을 언급한 것은 39세 때로, 남작이 되기 이전 해였다. 과학 아카데미가 열전도론의 완성에 상금을 걸었을 때가 5년 후(나폴레옹 몰락 전년)였고, 10년 후에 저작을 완성했을 때 푸리에는 과학 아카데미에 상임 간사로 군림했다. 일이 너무 술술 잘 풀린 것 같다는 느낌이 든다.

열전도를 삼각함수의 급수로 푼 방법은 반세기 전에 다니엘 베르누이가 현의 진동을 삼각함수의 급수로 푼 방법을 재현한 것이다. 하지만 그것은 또 반세기 전에 오일러와 달랑베르를 둘러싼 논쟁을 재연시켰다. 파(波)라면 또 모를까, 열과 삼각함수는 조합이 참 묘하다. 이 논쟁은 1세기 동안 해석학의 원동력이 됐다. 현대 해석의 기본적인 카테고리인 '집합과 함수', '위상과 연속', '측도와 적분' 모두가 '푸리에 급수' 문제에서 생겨났다. 그럼에도 19세기에 수리물리학자로 통한 푸리에는 과연 순수 수학자가 맞는지 의심된다.

이때 라그랑주는 15년 전의 논문을 심사하여 문제의 중요성과 해답에 포함되는 모순을 지적했다. 그리고 상임 간사인 푸리에가 15년 후에 같은 논문에 상금을 주었을 때는 아직 문제가 발전되지 않았기 때문에 그는 19세기 해석학의 역사 등은 알지 못했을 것이다. 푸리에 급수를 실행한 사람들 중에는 디리클레(Peter G. L. Dirichlet), 리만, 칸토어(Georg F. L. P. Cantor), 르베그(Henri L. Lebesgue) 등이 있다. 그들 사이에서는 '푸리에 급수론'을 사용해서 인간 문화의 진보에 공헌한 인물이 분쟁의 씨앗을 뿌린 사람이냐, 분쟁을 해결한 사람이냐 하는 의견이 나오기도 했다.

그러나 푸리에 인생의 백미는 뭐니 뭐니 해도 정치적 행동에 있다. 1814년 나폴레옹이 물러나자 푸리에는 루이 18세에게 충성을 맹세하고 계속 지사를 역임했다. 1815년 3월 1일, 나폴레옹이 칸에 상륙하자 푸리에는 직접 말을 타고 리옹으로 가서 부르봉 가문에 통보하고 돌아왔다. 하지만 그르노블에는 이미 나폴레옹이 와 있었다. 그르노블에는 왕당파의 군대가 있어야 했지만 나폴레옹이 긴 쥐색 외투에 오른손을 넣고 홀로 앞에 나와 "너희의 황제를 쏠 것이냐?"라고 하자 병사들은 "황제 만세!"를 외치며 나폴레옹 밑으로 들어갔다.

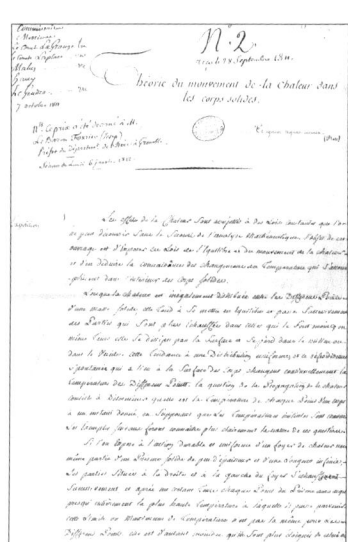

▶ 푸리에가 직접 쓴 원고의 일부

푸리에가 황제에게 가자 나폴레옹은 파리의 지도를 보면서 이집트 원정군이었을 때처럼 푸리에에게 행동 계획을 이야기했다고 한다. 물론 푸리에는 그 순간에 나폴레옹에게 충성을 맹세했다.

그리고 7월, 백일천하는 끝나고 루이 18세가 파리에 왔다. 이번에는 푸리에도 지사 자리를 포기하고 파리로 가서 재산을 조금씩 팔면서 살았다. 하지만 친구의 도움으로 센 통계국장이 된 점으로 보아 행정 수완이 대단했던 것 같다. 혁명이 일어나도 재능 있는 사람은 죽지 않나 보다.

1816년에 부르봉 가문은 몽주를 과학 아카데미에서 추방했지만 같은 해에 푸리에는 아카데미 회원으로 추천받았다. 그러나 루이 18세가 허락하지 않았다. 그래도 다음 해에 49세로 아카데미 회원이 됐다.

그 후 파리의 학계에서 세력을 키우고 1826년 58세 때는 한 단계 위인 아카데미 프랑세즈 회원이 되는 명예를 얻었다. 당시 파리에 와 있던 24세의 아벨(Niels H. Abel)이 푸리에의 의기양양한 모습을 편지로 전했다. 이때 아벨과 의기투합한 사람은 21세의 디리클레뿐이었는데, 디리클레는 푸리에에게 사랑받고 후에 푸리에 급수를 이론화하여 은혜를 갚았다.

푸리에는 더위로 푹푹 찐 방에서 살았던 탓인지 심장병을 앓았다. 1830년, 62세가 된 푸리에는 오랜 기간의 열대 생활과 자기 비판의 긴장으로 매우 지쳐 있었다. 샤를 10세의 강경파 정책으로 세상은 소란스러웠고, 해산된 하원 선거는 5월 16일로 왕당파 145 대 반대파 270이었다. 그날 파리 시민의 환성 속에서 푸리에는 동맥류로 숨을 거두었다. 어쨌든 그 해에 일어난 7월혁명 때 자기 비판을 할 필요는 없었다.

카를 프리드리히 가우스
Karl Friedrich Gauss

천재 중의 천재

현대의 수학자가 할 수 있는 가장 아니꼬운 행동은 "어느 토요일 오후, 파이프를 물고 『가우스 전집』을 읽다가 고전은 참 좋구나 하는 생각이 문득 떠올랐습니다."라며 강연을 시작하는 것이다.

가우스는 우리가 생각할 수 있는 모든 수학적 적성을 갖추고 있었다. 정교하고 치밀한 논리적 강인함, 목적을 향해 돌진하는 계산력, 요점을 잡아내는 유연한 정신을 갖추었으며 많은 사실을 체계적으로 쌓아 올려 이념적 연관성을 찾아냈다. 순수한 수학 세계를 구축하고 동시에 자연 존재에서 수학 법칙을 발견했다. 이론 체계를 개별적으로 자립시키는 전문 정신과 여러 가지 학문을 통일시켜 파악하려고 하는 백과전서 정신이 한몸에 공존한다. 만약 조물주가 '이상적인 수학자'의 요소를 모아 인간을 만든다면 이런 사람이 될 것이다.

그는 '천재'였지만 그의 존재는 '천재 산업'에 냉소적이었다. 가우스는 자신이 알아낸 결과를 완성된 형식으로 발표하는 습관을 갖고 있었고, 미완성 연구로 물의를 빚는 일을 싫어했다(이것은 가우스를 숭배하는 추종자를 낳고 후세에 악영향을 미쳤다). 그래서 그 많은 업적을 서랍 깊숙이 숨겨놓거나 친구에게만 몰래 알려 그의 생전에는 남에게 알려진 것이 없다. 그는 아벨이나 야코비, 로바체프스키(Nikolai I. Lobachevskii)나 보여이, 또는 늙은 르장드르(Adrien-Marie Legendre)가 무언가를 발견했을 때 웅얼웅얼 이의를 제기하거나 아무 일도 없다는 듯이 무시했다. 그래서 무슨 꿍꿍이가 있는 게 아니냐는 이야기도 들었지만 사실 가우스는 그 발견들을 이미 알고 있었다. 즉, 반세기 동안에 활약한 많은 수학자의 업적을 혼자서 연구한 것이다.

그러나 반세기 동안의 중요한 업적을 가우스의 서랍 안에서 찾아냈다고 해도 다른 수학자들은 각자 나름대로 연구하고 발견했을 것이다. 가우스 없이도 수학이 반세기 동안에 발달한 만큼 '천재성'은 본인 혼자 지니고 있었다. 그래서 인류는 천재 없이도 잘 돌아간다는 사실을 가우스의 '천재성'이 증명했다.

가우스의 아버지는 브라운슈바이크에서 돌을 쪼고 기와를 쌓으며, 혹은 운하에서 일하거나 정원사로 일하면서 어린 가우스를 키웠다. 학문과는 아무런 연관이 없었다. 그런데 가우스는 3세 때 아버지가 계산을 잘못하면 그 실수를 지적했다. 10세 때는 1부터 100까지 더하다가 등차급수의 합의 공식을 발견하여 몇 초 만에 답을 냈다. 그 후 브라운슈바이크 공(公)의 후원을 받아 괴팅겐 대학에 진학했다. 브라운슈바이크 공 페르디난트는 프랑스 혁명에 대한 오스트리아–프로이센 연합의 반혁명군 사령관이었다. 당파 투쟁에 승리하기 전의 '극좌파 도발 분자'였던 로베스피에르 (Maximilien F. M. I. de Robespierre)는 페르디난트의 부하와 지롱드파의 공격을 받았다.

가우스는 10대 때 많은 것을 생각해냈다. 산술기하평균이나 최소제곱법, 2차 형식에 관한 상호 법칙, 정17각형 작도 등은 모두 이 시기에 연구한 것이다. 『정수론 연구』(1801)도 21세 때 개요를 만들었다. 22세 때에는 그 유명한 '방정

▶ 베버와 가우스의 동상

식론의 기본 정리'로 헬름슈
테트 대학에서 학위를 땄다.
24세 때에는 1801년 1월에
발견한 소행성 케레스
(Ceres)의 궤도를 계산하여
유럽 전체에 이름을 알렸다.
이 시기의 천문학 연구는
『천체 운동론』(1809)에 집대
성됐다.

브라운슈바이크 대학으
로 옮긴 후 요한나와 만나
연애편지를 주고받다가 1805년 28세 때 결혼했다. 이 해에
는 아우스터리츠 전투가 일어났으며, 패전한 페르디난트 공
의 상처는 악화됐다. 그 다음 해에 페르디난트 공의 마차는
가우스의 집 앞을 지나 알토나로 이동했다. 가우스의 장남
이 태어난 지 얼마 안 되어 늙은 페르디난트 공은 알토나에
서 사망했다.

후원자가 사망한 후 가우스는 30세의 나이에 괴팅겐 대
학 천문대 교수가 됐다. 18세기에 귀족의 보호를 받고 19세

기에 대학 교수가 된 가우스를 후원한 인물이 세기를 나눈 프랑스 혁명과 나폴레옹이 대적한 브라운슈바이크 공이라는 점은 우연의 일치였다.

나는 예전에 가우스를 두 얼굴을 가진 야누스라고 한 적이 있다. *그*는 정말로 18세기와 19세기의 경계에서 두 가지 성격을 지니고 있다. 18세기 살롱의 백과전서파가 종이에 쓴 것을 가우스는 천성적인 실험가, 관측가, 계산가로서 현실에서 실행했다. 그리고 그것은 '수학의 세계'를 자립시켜 19세기의 '이론 체계'에 시동을 걸었다.

괴팅겐으로 옮기고 나서도 '유럽 최고의 수학자'라는 명성은 흔들리지 않았으나 다른 곳에서 어두운 그림자가 엄습했다. 셋째 아이를 낳고 아내 요한나가 사망했으며, 얼마 후 그 아이도 죽었다. 2년 후에 가우스는 변호사의 딸 민나와 결혼하지만 결혼 생활은 행복하지 않았다. 당시에 쓴 노트에 "이런 생활이라면 죽는 게 낫다."라고 쓴 흔적이 있다. 그 노트에는 복소함수론의 기초나 초기하함수를 메모해 놓기도 했다.

30대는 천문대에서 관측하고 40대는 하노버 공의 측량대에 참가해 측지학에 큰 업적을 남기기도 했다. 이때의 수학적 결과물은 곡면론으로, 다양체에 자립적 의미를 주는 현대 수학의 길을 열어주었다. 곡면을 지배하는 것은 가우스의 무한소 2차 형식인데, 가우스의 모든 수학에 '2차식'이 등장하는 점이 흥미롭다. 비(非)유클리드 기하에 대해서는 학창 시절에 보여이와 토론하고 구상했다. 곡면론의 발상과 공통되기도 하며, 그 형태로 구상한 것 같다.

코시의 복소함수론과 아벨, 야코비의 타원함수론을 별로 높게 평가하지 않았고 로바체프스키나 보여이의 비유클리드 기하를 고의로 무시한 일로 가우스는 평판이 좋지 않았다. 그러나 그는 선배인 르장드르하고만 다툼을 일으켰다. 젊은이들을 평가하지 않거나 무시한 것도 좋게 생각하면 가우스 자신이 갖고 있던 수학적 지식을 젊은이들이 스스로 알아내도록 한 것이라고 할 수 있다. 19세기가 소란스러워지지 않도록 그는 자신의 노트 안에서만 수학을 키웠다. 그러나 모든 것을 알면서 모르는 척하고 있었으니 꿍꿍이가 있다는 이야기를 듣는 것도 당연하다.

그는 50대를 전자기학을 중심으로 보냈다. 마침 전기가 기술 혁신의 중심이 된 시대였다. 베를린 대학을 건설해 독일 자본주의 문화를 형성하고자 기대했던 알렉산더 폰 훔볼트(Alexander von Humboldt)는 가우스를 베를린으로 유치하려고 베버(Eduard F. W. Weber)를 가우스에게 보냈다. 하지만 베버는 가우스에게 이끌려 괴팅겐에서 전자기학의 기초를 만들고 동시에 전신기를 제작했다. 이로써 수학의 퍼텐셜(potential)론의 출발점이 됐다.

가우스는 이 무렵 역사나 소설에 몰두하고 매일 신문을 보는 데 한 시간을 소비하여 유럽 정세를 살폈다. 구부정한 자세로 앉아 있는 일이 많았던 보수파 노인이 1830년이나 1848년의 유럽에 어떤 관심을 가졌는지는 아무도 모른다. 수학에서조차 자신의 고찰을 숨길 정도였으므로 정치적 신념을 피력하는 일도 없었다.

그래도 병이 든 만년에 리만의 강연을 듣고 매우 흥분했다고 한다. 곡면론과 비유클리드 기하학이 새로운 세대를 만나 새로운 시대를 맞이한 모습을 보았기 때문이다. 집으로 돌아가는 길에 비둘기에 정신이 팔렸다는 이야기까지 있다. 아마 이 이야기는 그해에 일어난 마차 사고와 혼선된 것 같다.

그 후 몸 상태가 나빠져 1855년, 78세의 나이로 세상을 떠났다. 그해는 여러 대학의 많은 수학자가 독일 수학의 황금기를 연 해이기도 했다.

오귀스탱 루이 코시
Augustin Louis Cauchy

1789	출생
1793~1794	공포 시대가 열리면서 가족이 파리에서 아르쿠일 마을로 도피. 이곳에서 수학자 라플라스와 화학자 베르톨레를 처음 만남
1810	나폴레옹의 영국 침략 함대를 위한 항만 및 방어 공사를 위해 셰르부르로 감
1813	파리로 돌아옴. 라그랑주와 라플라스가 수학에 전념하라고 설득함
1814	정적분에 관한 소논문을 발표. 이 논문은 복소함수론의 기초가 됨
1816	파리에 있는 여러 대학에서 교수로 재직
1821	「에콜 루아얄 폴리테크니크의 해석학 과정」 발표
1822	탄성 수학이론의 기초를 세움
1823	「무한소 미적분학」 발표
1826~1828	「무한소 미적분학의 기하학에의 응용에 대한 강의」 발표
1830	찰스 10세가 망명하고 루이 필리프가 왕위에 오르자 망명함
1838	다시 프랑스로 돌아와 에콜 폴리테크니크 교수가 됨
1857	사망

신념 때문에 망명길에 오르다

1789년의 프랑스는 혁명뿐 아니라 천재 수학자 한 명을 낳았다. 지난 50년 동안 프랑스 과학 아카데미는 넘쳐나는 수학 논문을 감당하지 못했고, 그 결과 4쪽 이상의 논문은 회보에 싣지 않기로 했다.

코시는 부모님이 혁명 후 몇 주 동안 파리 교외로 도망쳤던 시기에 태어났다. 아버지는 가톨릭 왕당파로 파리의 경찰이었다. 이러한 '가톨릭과 왕'은 코시의 인생을 속박했고 부자연스러운 생활로 그의 몸은 병들었다. 이렇게 어릴 때부터 정신과 육체가 어려운 악조건 속에서도 코시는 19세기를 이끈 다작의 수학자였다. 혁명에 대한 저항이 인생의 신념이었는데, 신념은 역사에 반하면서 수학적으로는 역사의 흐름을 따랐던 점이 모순적이긴 하다.

파리의 혁명을 탈출한 코시 일가가 돌아온 때는 브뤼메르 18일의 쿠데타로 나폴레옹이 권력을 다시 잡은 뒤였다. 그의 아버지는 원로원 서기 자리를 얻었다. 원로원은 룩셈부르크 궁전에 있었고 코시 가족이 지내던 은신처는 라플라스와 베르톨레의 저택 옆에 있었기 때문에 코시는 나폴레옹 살롱의 과학자들에게 귀여움을 받았다. 특히 라그랑주는 코시를 '미래의 대수학자'라고 기대하며, 젊을 때 수학뿐 아니라 문학에도 관심을 갖게 하라고 그의 아버지에게 조언하기도 했다. 코시가 13세 때의 일이다.

이렇게 파리에서 고등학교와 에콜 폴리테크니크까지 다녔다. 에콜 폴리테크니크를 졸업한 뒤 토목기사 학교에 진학하여 공병 사관으로 셰르부르 요새를 건설했다. 그러나 나폴레옹의 영국 본토 공략의 꿈이 물거품이 되자 코시도 3년간의 공사를 그만두고 파리로 돌아왔다. 1813년, 코시는 24세였고 나폴레옹 황제가 물러나기 이전 해였다.

2년 전에도 다면체에 대한 논문을 제출한 과학 아카데미에 이번에는 유한군론의 출발점이 됐다는 치환론에 관한 논문을 제출했다. 그리고 공병을 그만두고 라그랑주가 그토록

원하던 수학자 생활에 전념했다. 이때 이미 복소함수에 관한 코시의 적분정리나 발산적분의 코시의 평균값을 만들었다. 탄성체의 해석을 통해 텐서(tensor)를 이용하기 시작한 것도 이 무렵이었으며, 파도의 전파로 과학 아카데미상을 받고 에콜 폴리테크니크에서 강의도 했다. 코시는 '순수 수학자'를 대표하는 인물이긴 하지만, 오히려 에콜 폴리테크니크의 수리 물리 쪽 전통에 충실했고 천문학이나 과학, 유체역학에 대한 공헌도 대단했다. 19세기 '엄격주의'의 창시자였던 가우스와 코시가 수리물리학자였다는 점은 주목해야 한다.

1816년, 루이 18세는 에콜 폴리테크니크 교장이었던 보나파르트파(派)의 몽주를 과학 아카데미에서 추방했다. 그리고 후임으로 왕당파인 27세의 코시가 취임했다. 이 해에 소르본 대학 교수로도 임명됐다.

코시의 30대는 다작 시대였다. 수많은 논문과 대학 강의가 『해석학 강의』(1821), 『미적분 요론』(1823), 『수학 연습』(1826~30) 등의 제목을 달고 속속 출판됐다. 이 저서들은 프랑스에서 전통적인 '해석 교정'의 선구이며, 이것들이 해석학을 완전히 19세기풍으로 바꿔버렸다. 사람들은 새로운 양식을 잘 받아들이지 않았지만(아벨조차 불평했다) 코시는 남들을 별로 신경 쓰지 않는 성격이었다. 또 끝까지 밀고 나가는 추진력을 갖고 있었다. 그러나 갈루아와 아벨의 논문을 잃어버려서 후세에 나쁜 이미지를 남기기도 했다.

1830년 7월, 코시가 40세가 되던 해는 신권을 휘두르던 샤를 10세가 추방되고 '프랑스 국민의 왕'인 루이 필리프 1세의 시대가 됐다. '국민의 왕'이라는 개념은 정통 왕당파의 신념으로는 받아들이기 힘든 것이었다. '엄격주의자' 코시는 새 왕에 대한 충성을 거부했으며 처자식을 파리에 남겨두고 망명길에 올랐다.

그 무렵 사르데냐 왕이 토리노 대학에 수리 물리학 강좌를 개설했다. 코시는 이탈리아어를 배워 이곳에서 라그랑주가 남긴 토리노 아카데미의 꿈을 완성하려고 했다.

그리고 망명 중이었던 샤를 10세가 코시에게 왕자의 강의를 맡기는 명예를 주었고 이후 프라하에서 살게 됐다. 가족을 프라하로 데리고 올 수 있는 것도 포기하고 아침부터 밤까지 왕자와 함께 보냈다. 이 시기에 빛의 산란을 연구했는데, 망명지의 하늘에서 빛을 발견할 수 없었던 코시에게 이 주제는 조금 모순적이다. 그리고 병든 몸은 최악의 상태였다. 샤를 10세는 왕의 신성성으로 환자를 치료할 수 있다고 믿었기 때문에 그에게 자신의 선량한 손을 내밀었다. 하지만 코시는 조금도 건강해지지 않았다.

▶ 코시와 코시-슈바르츠 부등식을 만든 독일 수학자 슈바르츠

좌절한 코시는 1838년에 파리로 돌아갔다. 아카데미 회원에게는 충성 서약의 면책이 주어졌기 때문에 코시는 아카데미에 수많은 논문을 보냈다. 아카데미가 논문에 제한을 둔 것이 이 무렵이다.

파리도 평화롭지만은 않았다. 코시가 돌아온 다음 해에 블랑키스트(Blanquistes, 19세기 사회주의자 블랑키의 사상을 신봉하는 사람들)의 봉기가 있었다. 소르본 대학에는 공석이 있었지만 루이 필리프는 충성 서약을 요구했다. 결국 코시는 천문대로 가게 됐지만 여기에서도 서약을 둘러싸고 정부와 대결했다. 대결은 1848년의 혁명까지 이어졌다. 이 시기에 루이 필리프의 공화파 탄압은 점점 심해졌는데 코시가 속한 왕당파도 애를 먹었다.

천문대 교수인 코시의 관심은 당연히 천문학이었다. 지금도 '코시 문제'라고 하는 미분방정식의 초깃값 문제와 멱

▶ 프랑스 국왕 루이 필리프 1세

급수의 수렴 반경에 관한 '코시-아다마르의 정리'도 이때 연구했다.

1848년, 코시는 58세였다. 2월부터 6월까지 그가 무엇을 했는지 알려져 있지 않지만 혁명 덕분에 루이 필리프는 물러나고 서약 문제도 사라졌다. 그런데 4년 후에 나폴레옹 3세가 황제가 되자 또다시 서약이 문제가 되었다. 그러나 다행히 나폴레옹이 특례를 인정했기 때문에 정식으로 대학 교수가 될 수 있었다. 그로서는 두 명의 나폴레옹 쿠데타 후에야 정상적인 생활이 가능해진 것이다. 그 후에 부르봉가의 왕이 프랑스에 재임하는 일은 없었다.

코시는 계속해서 가톨릭 신앙을 전도했다. 어릴 때 불우했던 에르미트(Charles Hermite)가 과학 아카데미 회원이 된 것은 34세 때였는데, 병으로 쇠약해진 늙은 코시가 잘 구슬려 가톨릭으로 개종시켰다. 이렇게 프랑스 수학의 후계자를 가톨릭 신자로 만들고, 얼마 뒤 코시는 만족해 하며 세상을 떠났다.

야노스 보여이
János Bolyai

수학과 혁명 사이에서

트란실바니아는 카르파티아 산맥에 둘러싸인 대지로 지금은 루마니아의 일부이며 마자르 자치구가 있다. 야노스 보여이는 헝가리의 코르즈바르에서 태어났고, 아버지 파르카스는 그곳에 있는 대학의 수학 교수였다.

파르카스는 젊은 시절 가우스가 다정한 성격이었을 때 서로 친하게 지냈다. 괴팅겐 대학에 다닐 무렵 두 학생은 근처에 있는 산길을 걸으면서 유클리드의 평행선 공리에 대해 이야기를 나누었다. 파르카스가 그 증명을 생각하고 가우스가 오류를 지적한 적도 있었다.

파르카스는 학창 시절 가난한 귀족이었기 때문에 동급생 케메니 남작에게 재정적인 도움을 받았다. 수업이 끝나면 먼 길을 걸어 케메니의 저택에 가곤 했다. 그러던 어느 날 그곳 카니발에서 한 여자에게 첫눈에 반했는데, 그녀가 바로 보여이의 어머니였다. 하지만 결혼해 보니 히스테리가 매우 심한 여자였다고 한다. 파르카스는 가우스에게 "미래는 검은 구름에 싸였고 천둥소리도 울려 퍼졌다."는 내용의 편지를 보냈다. 파르카스는 보여이가 태어난 지 2년 후에 마로스바사르헬리 대학의 교수가 됐다.

보여이는 수학과 바이올린에 특출한 재능을 보였다. 아버지의 꿈이었던 평행선 공리는 보여이의 꿈이기도 했다. 그는 대수학자 가우스를 동경했다. 보여이가 15세가 됐을 때 가우스가 괴팅겐으로 가자 파르카스는 아들을 위해 옛 친구에게 편지를 썼지만 답장을 받지는 못했다.

이후 보여이는 빈으로 유학을 갔고, 21세에 육군 사관학교를 졸업하고 소위로 임관했다. 그동안 어머니는 심한 히스테리로 세상을 떠났다. 보여이는 빈에서 평행선 공리 문제에 열중했지만 아버지는 이미 좌절한 경험이 있어 아들을 만류했다. 그리고 "평행선에 빠지는 것은 관능적인 유혹에 빠지는 것과 같다. 너의 파멸만 있을 뿐이다."라고 경고했다.

젊은 소위는 보드카와 바이올린, 수학에 열중하면서 트

란실바니아 요새에 머물렀다. 그는 술을 마시면 항상 결투를 벌였다. 어느 날에는 13명을 상대로 싸우면서 한 명씩 쓰러뜨릴 때마다 파가니니의 1절을 연주했는데, 결국 카프리치오의 전곡을 끝냈다고 한다.

▶ 보여이 기념판

이 무렵에 아버지에게 비유클리드 기하학의 성립을 전하는 편지를 썼다. 아버지는 '새로운 기하학'을 이해할 수 없었지만 그래도 그것이 논문으로 완성된다면 자신의 책에 넣어줄 것을 약속했다. 몇 년 후 파르카스 교수가 출간한 『순수수학 입문』(1832)에는 「공간의 절대적 과학」이라는 짧은 부록이 붙었다.

당시 보여이는 30세였다. 그는 서둘러 이 책을 가우스에게 보냈다. 그러나 답변은 냉정했다. 가우스는 친한 친구에게는 이 논문을 격찬했지만 답변은 신중했다. 가우스 자신은 그 내용을 이미 알고 있었지만 그것을 발표해도 사람들이 이해하지 못할 거라고 생각하여 공표하지 않았다. 사실 가우스는 슈바이카르트나 타우리우스 등 비유클리드 기하학에 접근하려던 사람들에게 올바른 사실을 가르치면서도 깊숙이 들어가지 않도록 경고했다. 슈바이카르트는 유클리드의 정통성을 지켰기 때문에 가우스에게 칭찬받았고, 타우리우스는 가우스가 이단 기하학을 소유했다는 사실을 알렸다는 이유로 파문당했다.

몇 년 후 로바체프스키의 『가상기하학』(1835)이 독일어로 나왔다. 보여이보다 9살 연상인 카잔 대학 교수 로바체프스키는 비슷한 시기에 비유클리드 기하학을 연구했다. 가우스는 이전에 로바체프스키의 논문을 읽으려고 열심히 러시아어를 공부한 적이 있었다. 여기에서도 가우스는 친구에게만 그를 칭찬했지만 공적으로는 로바체프스키에게 '러시아 최고의 수학자'라고 표현하며 『가상기하학』에 접근하지 말라고 치밀하게 행동했다.

보여이는 40대가 되고 나서야 『가상기하학』의 존재를 알게 되었다. 거기에는 비유클리드 기하학이 최초로 활자로 나온 『기하학 원리』(1829)의 인용부터 시작해서 체계적으로 확립된 기하학이 기술되어 있었다. 보여이는 로바체프스키라는 러시아 수학자야말로 가우스의 눈을 피해 숨어 다녀야 한다고 생각했다.

이렇게 수학에 대한 보여이 대위의 꿈은 좌절됐다. 그도 이미 45세였다. 1848년 3월, 부다페스트에 봉기가 일어나고 시인 페테피가 "전 세계에 자유를!"이라고 외쳤다. 그리고 여름에는 신문에 '동지 보여이 대위에 대한 공개장'이 실렸다.

"대위여, 수학을 버려라. 바이올린은 벽에 걸고 칼을 들고 전장에 나와라."

하지만 그때 보여이는 병에 걸려 있었다. 10월에 반혁명군이 빈을 점령했을 때 병든 보여이 대위는 트란실바니아 군사 기밀 회의에 참석했다. 이때 이 지방을 군사력으로 제압해 혁명 정부의 지배를 확립하자고 주장했지만 받아들여지지 않았다. 오스트리아 군은 부다페스트를 공략했고 혁명군은 벰 장군의 폴란드 군단과 함께 트란실바니아에 대치했다.

1849년 4월, 혁명군이 오스트리아 군을 트란실바니아의 들판에서 격파한 후 코슈트(Kossú th Lajos)의 헝가리 혁명 정권이 성립됐다. 그러나 새 황제 프란츠 요제프 1세의 37만 대군이 이 정권을 무너뜨리는 데는 많은 시간이 걸리

▶ 보여이의 초상이 실린 우표

지 않았다. 보여이가 젊었을 때 비유클리드 기하학과 바이올린에 푹 빠져 지내던 요새가 함락됨으로써 혁명은 좌절됐다.

그러고 나서 10년간 보여이의 삶은 별로 알려져 있지 않다. 늙은 대학 교수로서 모든 것을 깨달은 척하는 아버지와는 사이가 완전히 틀어졌다. 처자식도 그를 버리고 도망쳤다. 정치적으로도 추운 시절이었고 이미 수학도, 혁명도 남아 있지 않았다.

1860년, 유럽의 남쪽에서는 가리발디(Giuseppe Garibaldi)가 새로운 진군을 시작했지만 카르파티아의 산기슭에는 모든 사람에게 잊힌 보여이가 죽어 있었다. 그의 시체는 이름도 없는 어느 공동묘지로 옮겨졌다. 누군가 교회의 기록에는 적어놓았지만 그 인생은 헛되이 끝나고 말았다.

카를 구스타프 야코프 야코비
Carl Gustav Jacob Jacobi

수학의 가치는 어디에

19세기 수학의 주제 중에 타원함수라는 것이 있다. 바이어슈트라스도, 리만도 1829년에 25세의 야코비가 쓴 「타원함수론의 새로운 기초」에서 출발했다. 18세기의 오일러나 르장드르 이래 타원함수는 아벨이 25세 때 쓴 「초월함수의 일반 성질」(1826, 발표는 1841)과 야코비의 논문으로 새로운 단계에 돌입했다.

야코비보다 3살 연상인 아벨은 타원함수론으로 대학에 자리를 구하려고 유럽을 돌아다녔다. 아벨은 늘 야코비가 쫓아오는 데 신경을 곤두세웠다고 한다. 그러던 1829년에 26세의 젊은 나이에 결핵에 걸렸다. 비극적인 것은 아벨이 죽고 이틀 뒤에 베를린 대학 교수로 와 달라는 초청장이 도착했다. 반면 야코비는 자신의 논문이 파리 아카데미에서 무시당했다는 사실을 알고 르장드르에게 항의했다. 르장드르가 당황해서 조사해 보니 코시가 실수로 빠트린 것이었다.

이때 가우스가 자신도 10대 소년이었을 때 타원함수를 생각했다고 하자 르장드르는 가우스가 또 뭐든지 다 아는 척을 한다고 화를 냈다. 하지만 가우스가 사망한 후의 기록을 통해 그것이 사실임이 드러났다.

유럽인 중에는 가끔 운율을 맞춘 듯한 이름이 있다. 갈릴레오 갈릴레이가 대표적인데 야코프 야코비도 이와 비슷하다. 그는 포츠담에서 부유한 은행가 집안의 차남으로 태어났다. 신흥 베를린 대학에서 공부하고 동프로이센의 쾨니히스베르크 대학에 취직해 수론으로 가우스에게 인정을 받았다. 논문 「타원함수론」은 조교수 시절에 쓴 것이다. 그는 젊은 시절 돈과 지위는 물론 명성을 떨치며 우아하게 살았다. 1832년에 아버지가 사망하지만 얼마 동안은 형편이 괜찮았다. 그러나 1840년 36세 때 야코비 집안은 파산했다. 그 전후부터 수학사에 야코비의 이름이 자주 등장한 것을 보면 역시 가난해지면 바빠지나 보다.

파산 후 맨체스터 학회에서 아일랜드 출신의 수학자 해

밀턴과 만나면서 '해밀턴-야코비의 역학'이 시작됐다. 30세부터 파리의 에콜 폴리테크니크와 교류하면서 쾨니히스베르크에 수리 물리학 전통을 가져왔다. 22세 때 조교수에 취임한 이후에는 파프의 문제에 관심을 가졌다. 33세 때는 변분법의 조건을 생각했고, 1842년에 편미분방정식이나 역학과 연결시켰다.

야코비는 최초로 2차 형식론에서 관성법칙을 언급했다. 이것도 가우스는 이미 알고 있었다. 또 행렬식 부문에서는 17세기에 라이프니츠, 18세기에 방데르몽드, 그리고 19세기에 코시처럼 많은 선구자가 있었지만 야코비가 처음으로 정식화했다.

행렬식에 대한 논문은 파산 다음 해인 1841년에 「행렬식의 생성과 성질」, 「함수행렬식」으로 이어졌고, 야코비안(案)이라는 이름이 붙어 헤세(Ludwig O. Hesse)에게 계승됐다(그에게도 '헤시안'이라는 것이 있다). 여기에는 역학과 파프의 문제에 나오는 미분식(예를 들면 '야코비의 항등식'도 있다)이 포함되어 있어 선형대수가 태어난 바탕을 이해하는 데 도움이 된다. 야코비에게 선형대수는 1차 방정식이 아니라 역학을 포함하는 미분식의 이론에서 생겨났다.

▶ 야코비의 묘비

    1842년, 영국 여행에서 돌아온 야코비는 파산 전후부터 정신적으로 많은 피로가 쌓여 건강이 악화됐다. 프로이센 왕은 그런 그에게 휴가를 주었고, 1843년부터 1844년까지 로마와 나폴리에서 휴가를 보냈다. 1844년 베를린에 돌아온 뒤에도 계속 왕이 주는 연금을 받으며 아카데미 회원으로서 베를린 대학에서 좋아하는 강의를 했다. 즉, 19세기형 대학 교수 생활에 휴가를 얻어 18세기형 연구자 생활을 했던 것이다. 야코비는 베를린 대학의 전통에 큰 영향을 미쳤다. 베를린 대학 교수인 디리클레의 부인은 멘델스존의 여동생으로, 야코비는 그의 살롱에서 베를린의 예술가들과 교류했다.

그 당시 은행가들 사이에서는 수학을 하면 일찍 죽는다는 소문이 돌았다. 수학이 신경을 해친다고 판단한 의사가 정치를 권했기 때문에(이상한 의사다) 야코비는 정치에 관심을 보였다. 1848년의 혁명 전성기 때 5월 선거에 자유주의자로 입후보했지만 낙선하고 왕은 그에게 주는 연금을 정지시켰다.

슬하에는 자녀가 7명 있었다. 가우스를 잇는 45세의 유명한 수학자는 삶에 몹시 지쳐 친구에게 기대어 덧없는 목숨을 이어나갔다. 18세기 계몽주의와 19세기 민주주의 사이에서 갈팡질팡한 결과였다. 결국 친구 훔볼트가 왕에게 부탁해서 연금은 다시 받게 됐지만 야코비의 생명은 별로 남지 않았다. 1851년 말, 47세에 사망했는데 원인은 수학이 아니라 천연두였다.

젊은 아벨과 야코비가 타원함수를 둘러싸고 경쟁했을 때 늙은 푸리에는 수학의 효용은 '인간 생활의 행복과 이익'에 있으며, 젊은이들이 시간을 낭비하고 있다고 비난했다. 이에 야코비는 수학의 가치를 '인간 정신의 영예'라는 이름으로 옹호했다. 그러나 생각해 보면 '정신의 영예'를 추구하는 것이 '생활의 행복과 이익'을 보장한다는 논리야말로 19세기 독일 프로테스탄트 자본주의의 논리였다. 그리고 동시에 '직업으로서의 학문'으로 향하는 길이기도 했다. 이런 점에서 휴가 중인 대학 교수, 왕의 연금 수령자, 아카데미 회원, 그리고 자유주의파의 국회의원 입후보자였던 야코비는 1848년이라는 시대와 딱 어울렸다.

19세기의 특징은 '정신의 영예'와 '생활의 행복과 이익'이라는 서로 보완되는 표어가 체제 분화의 질서를 형성했다는 점이다. 수학의 전문 분화 중에서도 '응용 수학'과 '순수 수학'은 이 표어에 의해 분화된다. 이런 점에서 열의 이론에서 시작하는 '응용 수학자' 푸리에의 푸리에 해석이 가장 '순수 수학'다운 19세기 순수 해석학의 원동력이 된 것은 역설적이다. 하지만 '순수 수학자' 야코비도 그 이름이 해밀턴과 함께 해석역학의 중심에 놓여 있으니 이것도 참 얄궂은 운명이다.

그러나 앞서 말했듯이 쾨니히스베르크의 수리물리학파는 야코비의 영향 아래 성립됐고, 야코비가 자신을 '순수 수학자'로 규정한 것도 아니다. 그리고 이 역학과 관련해 미분식이 선형대수의 바탕이 된 점은 시대를 뛰어넘는 '수학의 통일성'에 관한 역사의 섭리라고 생각해야 할 것이다.

윌리엄 로언 해밀턴
William Rowan Hamilton

다리 밑에서 '번쩍'

신동이라는 말은 더블린의 변호사 해밀턴 가문에서 태어난 막내아들을 위해 만들어진 것 같다. 그는 1805년 8월 3일과 8월 4일의 경계에 태어났는데 어머니에게서 재기를, 아버지에게서 애주가 기질을 물려받았다. 그러나 그의 부모는 어렸을 때 사망했다.

해밀턴은 많은 외국어를 구사하던 목사 삼촌 덕분에 5세때 호메로스를 암송했고 또한 영어 외에 라틴어, 그리스어, 히브리어를 구사했다. 8세 때는 프랑스어와 이탈리아어를, 10세가 되자 산스크리트어, 아랍어, 페르시아어, 칼데리어, 시리아어, 힌두스탄어, 인도네시아어, 마라티어, 벵골어를 구사했다.

12세 때, 미국의 암산 소년 콜번(Zerah Colburn)을 만나 같이 공부했고 17세 때는 뉴턴과 라그랑주의 저서를 읽었다. 18세부터 22세까지는 더블린의 트리니티 칼리지의 학생이었지만 대학 교수가 되기 위해 대학생 신분을 버렸다.

그러나 20세 때는 연애와 실연으로 자살을 시도하고 시인 워즈워스(William Wordsworth)에게 시를 보내기도 했다. 워즈워스와는 친구 사이였는데, 신동도 시에 대한 재능까지는 없었는지 그 후에는 시를 지었다는 이야기를 듣지 못했다.

해밀턴은 1828년에 발표한 변분원리를 기초로 한 아이코날(eikonal)* 광학으로 교수에 임명됐고 그 후 2년 동안 이 이론을 완성하는 데 매달렸다. 그리고 또다시 연애와 실연을 반복했다. 그러나 이번에는 아름다운 소녀 헬렌 마리아를 만나 결혼했다. 하지만 그녀의 몸이 너무 약해서 결혼 후에 사랑하는 아내의 병을 간호하는 데에만 몰두했다. 간병으로 인한 피로를 술로 풀어서 알코올 중독이 되기도 했다. 1837년 이후 아일랜드 왕립 아카데미는 주정뱅이 원장

* 렌즈나 거울 등의 광학계에서 물체로부터 상(像)을 향해서 진행하는 광선을 따라 측정한 광학거리를 나타내는 함수

을 불러들인 셈이 됐다.

결혼 후 28세부터 30세 무렵에는 기하광학에서 획득한 원리를 역학 전체에 확대시키는 데 관심을 쏟았다. 그것은 '해밀토니안', '해밀턴 방정식'으로 명명되어 역학 부문에 해밀턴의 이름을 알렸다. 라그랑주의 해석역학은 해밀턴의 정준 운동 방정식을 이끌어냈고, 그 결과 해석역학의 기초를 확립했다. 해석역학은 현대 물리학에서 빠질 수 없다. 그것 없이는 통계역학도, 양자역학도 생각할 수 없다.

그러나 해밀턴은 야코비에게 이 이론의 완성을 맡기고 본인은 더욱 장대한 꿈에 빠졌다. 당시의 '벡터 기하'는 가우스의 복소평면을 바탕으로 하고 있었다. 해밀턴은 유클리드적 평면이 아닌 뉴턴적 시공을 지배하는 4차원 표상을 획득하는 것이 꿈이었다. 3차원 회전군의 고찰이 기초가 됐지만 아무런 발전 없는 사색을 반복했다. 그러다 1843년 결혼 10년째 되던 해에 사랑하는 아내와 산책을 하다가(해밀턴의 전기에는 언제나 아내가 나온다) '번쩍' 하고 떠오른 생각을 다리에 새겼다. 그것이 인류가 본 최초의 4원수였다. 그리고 그 이론을 완성하기까지 10년이 걸렸다. 1853년 『4원수 강의』를 발간했을 때 그의 나이 48세였다.

▶ (좌)아일랜드 더블린에 있는 부룸 다리. 1943년 10월 16일 해밀턴은 이 다리를 지나다가 순간적으로 영감이 떠올라 4원수의 기본식을 발견했다.
(우)부룸 다리 벽에 새긴 비문

　　한동안 『4원수 강의』가 너무 많이 선전되어 '4원수 교회' 라는 종교적 분위기마저 느껴졌다. 반대로 그에 대한 반동도 있어서 『4원수 강의』는 경원의 대상이었다. 오늘날에는 그것을 물리적 세계의 상징이라고는 여기지 않지만, 어쨌든 『4원수 강의』는 분명 역사적 저작이다.

　　『4원수 강의』는 다원환(多元環)에 대한 영미학파의 출발점이 됐다. '복소4원수' 는 현대적으로 말하면 '복소 심플렉틱(symplectic)' 으로 클리퍼드 대수의 직접적인 출발점이 됐다. 해밀턴은 그라스만(Hermann G. Grassmann)과 나란히 다원환의 창시자가 됐다.

　　실수-복소수-4원수-8원수(케일리 수)로 되어 있는 수의 계열을 프로베니우스(Georg F. Frobenius)가 명확히 만들었고, 리(M. Sophus Lie)와 그의 후계자가 전형군으로서의 심플렉틱의 의미를 확실시했다. 하지만 해밀턴이 회전군의 4원수 표현을 생각한 것은 지금 보면 스피너 표현에 대한 묵시이기도 하다. 『4원수 강의』는 실패한 '4원수교 성서' 였지만 20세기에 대한 묵시록 역할을 했다.

『4원수 강의』에는 필연적으로 선형 대수가 포함되어 있었다. 예를 들어 고윳값 문제에 대해서는 '케일리-해밀턴 정리'가 있지만 그것은 4원수의 공간 부분, 즉 3차원 공간의 고윳값 문제로서 해밀턴이 만들었다.

그라스만은 형이상학적이었고 해밀턴은 물리학적이었다. 벡터해석의 미분작용소가 4원수의 표기와 관련해 나오기도 했다. 즉, 해밀턴은 동시에 벡터해석을 탄생시켰다. 영국에는 전자기에 관한 수리물리학의 전통이 있었으며, 그린(George Green)의 후계자들은 해밀턴의 영향을 받았다. 그리고 그 연장선상에는 빛나는 맥스웰(James C. Maxwell)의 『전자기학』(1873)이 있었다.

만약 수학자를 평가하는 척도가 물리학에 쏟은 공헌이라고 한다면 야코비가 해밀턴을 '영국의 라그랑주' 라고 한 것은 칭찬으로는 부족할 정도였다.

그러나 해밀턴은 술과 쓰레기에 묻혀 살았다. 60세 때 알코올 중독 끝에 중풍에 걸려 사망했다. 그의 방에는 양고기가 달라붙은 뼈와 수학 계산을 쓴 술에 찌든 종이가 가득해 어떻게 손을 쓸 수가 없었다고 한다. 그 수학 계산들은 훗날 소설가 제임스 조이스가 쓴 소설에서도 줄곧 해독하기 어렵다고 나온다.

해밀턴에게는 자신의 4원수가 뉴턴의 『수학 원리』를 흉내 냈다고 생각했던 고비가 있었다. 『수학 원리』는 성서가 됐지만 『4원수 강의』는 묵시록밖에 되지 않았다. 『수학 원리』가 나온 다음 세기에 파리의 살롱에서는 서로 그 '성서'를 보겠다고 아우성이었다. 하지만 『4원수 강의』가 나온 다음 세기, 대학 도서관에 있는 '묵시록'은 아무도 손을 대지 않아 먼지가 쌓여 있었다. 나는 대학을 졸업하고 얼마 안 되어 문득 호기심이 생겨 도서관 한구석에서 『4원수 강의』를 읽은 적이 있다. 별로 읽고 싶지는 않았지만 묘하게 끌리는 면이 있었다.

20대의 해밀턴의 광학과 역학은 모든 사람이 칭찬했다. 반면 4원수론은 알코올 중독자가 만들어낸 과대망상이라고

심하게 말하는 사람도 있었다. '4원수 교회'의 신자처럼 그것을 맹신하는 것은 잘못이다. 그러나 E. T. 벨이 쓴 『수학을 만든 사람들』을 보면 미국학파의 창시자 중 한 명인 벤자민 퍼스(Benjamin Peirce)는 해밀턴의 4원수론에 감동했다고 나온다. 그리고 미국 국립 아카데미에 4원수론을 추천했다고 해 사람들은 그를 4원수론의 맹신자로 몰아세웠는데, 그건 좀 지나친 것 같다. 퍼스는 4원수론의 정통적 후계자로서, 처음으로 행렬 대수를 논하고 텐서곱과 단순 대수로 분류했다. 그래도 4원수의 창조 그 자체를 해밀턴의 주요 업적이라고 생각하는 것은 극단적이기도 하다.

그럼에도 불구하고 내가 좋아하는 해밀턴은 신동이라는 이름에 빛나는 청춘이 아니라 집념을 가진 술 취한 노인의 모습이다. 4원수 그 자체가 아니라 선형대수론이나 벡터해석이라는 문맥에서 평가될 수 있는 것은 이미 앞에서 쓴 그대로다. 하지만 정리된 평가 이상으로 묵시적인 해독 불가능한 수학의 단편을 계속 써나갔다는 면에서 그는 마치 소설 속에 등장하는 공상가와 같다.

에바리스트 갈루아
Évariste Galois

1811	파리 인근 부르라렌에서 출생
1823	명문 루이르그랑에 입학
1829	자신의 첫 논문을 코시가 분실함. 에콜 폴리테크니크에 입학하려고 두 번(1827, 1829)에 걸쳐 시도했으나 모두 실패. 아버지가 고향에서 자살함
1830	과학 아카데미에 제출한 대수함수에 대한 논문을 푸리에가 분실함. 정치적인 논설을 쓴 탓에 에콜 노르말 쉬페리외르에서 쫓겨남
1831	세 번째 논문은 실제적으로 이해하기 힘들고 좀 더 보충되어야 하며 보다 분명하게 논의되어야 한다는 이유로 푸아송이 돌려보냄
1832	파리에서 사망
1846	조제프 리우빌의 주석이 붙은 갈루아의 원고가 「순수 수학과 응용 수학 저널」에 발표됨
1870	프랑스의 수학자 카밀 조르당이 갈루아의 이론을 완벽하게 정리한 「대입론과 대수방정식론」을 발표

잊을 수 없는 감옥의 노래

역사에 등장하는 인물 중에는 수많은 재능이 있음에도 그 재능을 다 꽃피우지 못한 채 세상을 떠난 사람들이 있다. 갈루아는 "울지 마라. 스무 살로 죽으려면 대단한 용기가 필요하다."며 남동생의 눈물을 나무랐던 미소년이었다.

갈루아는 부르라렌에 있는 '갈루아 학교'의 교장 집에서 태어났다. 그가 태어난 뒤 아버지는 사제 반동 세력과 대결해 촌장으로 선출됐다. 어머니도 로마적 교양을 갖추고 있어서 갈루아는 12세까지 학교에 가지 않고 어머니에게 키케로(Marcus T. Cicero)나 세네카(Lucius A. Seneca)등에 대해 배웠다.

파리에 있는 명문 루이르그랑에 입학해 감옥 같은 기숙

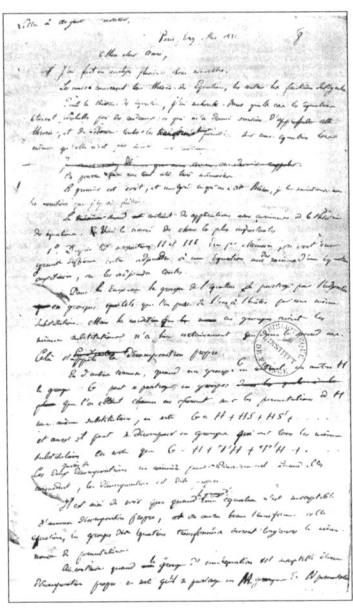

▶ 갈루아가 직접 쓴 편지

사에서 살게 된 것은 12세부터였다. 이 학교는 4년 전에 학생들이 반란을 일으켜 폐쇄됐는데 갈루아가 입학한 다음 해에도 학원 투쟁이 일어났다. 학교는 이때 리더격인 우등생 40명을 퇴학시키는 강행책을 써 탄압했다. 갈루아는 퇴학당하지 않은 것으로 보아 '리더' 도, '우등생' 도 아니었나 보다.

15세 때부터 성적표가 남아 있는데(이런 점을 보면 유명인이 되고 싶지 않다), 재기는 인정받았지만 성격은 음험하거나

기괴하다는 내용이 많다. 또 성적은 들쑥날쑥하며 과제는 빼먹기 일쑤라고 적혀 있다. 사실 이 무렵부터 수학에 열중하기 시작해 르장드르나 라그랑주의 저서를 즐겨 읽었다. 그래서 에콜 폴리테크니크에 지원했지만 떨어졌다. 그래도 그때 연분수에 관한 첫 논문을 발표했다.

이후 17세 때 발표한 「갈루아의 이론」으로 수학은 전환기를 맞이했다. 그리고 그는 계속해서 방정식론을 연구했다. 갈루아는 과학 아카데미에 논문을 제출하기도 했지만 코시가 분실해 버렸다. 그런데 그 무렵 반대파의 인신공격 때문에 아버지가 자살했다는 비보가 날아왔다.

이런 조건 때문인지 에콜 폴리테크니크에 다시 지원했다가 또 떨어졌다. 어느 전기 작가는 "뛰어난 지성을 가진 수험생이 열등한 지성을 가진 감독관 때문에 떨어졌다."고 표현했다. 하지만 입학시험은 지성과 별로 관계가 없다. 물리 성적이 나빴다는 설도 있지만 면접시험이 시시하다고 화를 내며 면접관에게 칠판을 던졌다는 이야기가 오히려 갈루아답다. 그러나 원래 갈루아가 시험 공부를 했다고는 상상할 수 없기 때문에 두 번 정도 떨어졌다고 해도 이상하지는 않다. 후에 에르미트나 푸앵카레도 아슬아슬했다고 하듯이 입학

시험이란 그렇게 만만한 것이 아니다. 그래도 갈루아의 에콜 폴리테크니크에 대한 갈망은 계속됐다.

결국 그는 루이르그랑에 병설된 교직예비학교에 입학했다. 이것은 7년 전에 폐지된 에콜 노르말 쉬페리외르를 축소해 신설한 학교로 다음 해 7월 혁명 때 다시 에콜 노르말 쉬페리외르로 승격했다. 이 무렵에도 수학 논문을 세 편 정도 발표했다. 하지만 아카데미에 낸 논문 중 가장 중요한 방정식론이 또 분실됐다. 이번에는 푸리에가 실수를 했는데, 논문을 찾지 못한 채 푸리에는 사망했다고 한다.

1830년 7월, 파리는 영광의 3일을 보냈다. 사범학교의 학생들은 바리케이드에 갇혔다. 그러나 교직예비학교는 교장의 설득으로 길거리에 나간 학생이 한 명도 없었다. 갈루아는 벽을 넘어 탈출하려고 했지만 발각되어 연금됐다. 이 시기부터 갈루아는 '인민의 친구'라는 학파에 참가했다.

그 후 교직예비학교는 에콜 노르말 쉬페리외르로 승격했는데 그곳에서 기회주의자인 교장과 갈루아는 충돌했다. '교육대학'에서 '사범대학'으로 명칭이 변경됐으므로 갈루아는 사범학교의 전통인 복장 자유화 대신 에콜 폴리테크니크풍의 제복을 요구했다. 갈루아가 그런 요구를 하다니 조금 신

▶ 1830년에 일어난 7월 혁명을 담은 들라크루아의 '민중을 이끄는 자유의 여신'. 이 혁명으로 인해 갈루아는 결국 퇴학당한다.

기하다. 장발보다 모자를 원한 것일까? 전기 작가는 이 부분에서 갈루아의 에콜 폴리테크니크 콤플렉스를 암시했다.

그러다 학교 신문에 교장을 탄핵하는 투서가 실려 파국이 일어났다. 갈루아는 전형적인 기회주의자인 교장의 책동에 휘말려 학생들에게 따돌림당했다. 교장의 책동이 어땠을지 상상이 간다. 결국 갈루아는 퇴학을 당했다. 그를 연민의 눈길로 바라보는 학생들도 있었지만 학생들 대부분은 학교 당국을 지지했다.

그를 동정하는 학생들은 그에게 '수학 자주 강좌'를 주선했다. 푸아송(Siméon D. Poisson)은 푸리에가 분실한 논문을 다시 쓰라고 권했다. 그러나 이 무렵 갈루아가 수학과 혁명 중 어느 쪽에 비중을 두었는지는 명확했다. 그는 국민군의 '인민의 친구'파의 부대에 들어갔다. 결국 논문을 읽은 푸아송은 잘 모르겠다는 답장을 보냈다. 그때 갈루아는 19세였다.

1831년 5월 9일, '인민의 친구'파의 병사 탈환 기념 파티가 있었다. 여기서 갈루아는 칼을 높이 쳐들며 "루이 필리프에게 건배!"라고 외쳐 선동 혐의로 체포되어 생트 펠라지 교도소에 구금됐다. 그러나 '만일 그가 변절했다면'이라는 조건 명제를 제시한 변호 덕분에 무죄 석방됐다. 그 후 갈루아는 중요 대상이 되어 공안 스파이로 찍혔다.

7월 14일, 갈루아는 무장 시위를 지휘하다 또 체포됐다. 갈루아의 동지도 '국왕 참수의 그림'을 그려서 체포됐다. 결국 경범죄로 이듬해 봄까지 구금되어 또다시 생트 펠라지에서 지냈다.

그러나 교도소 내에서 갈루아를 암살하기 위한 총격 사건이 일어나는 바람에 그는 독방에 감금되고 말았다. 라스파유의 말에 따르면 그것을 불만스러워하는 죄수들이 교도소를 점거한 대대적인 사건이 일어났다고 한다. 갈루아는 여기서 유고가 된 논문 두 편에 대한 서론을 쓰고 아카데미에 야유와 실소를 보냈다.

모든 갈루아 전기에 등장하는 생트 펠라지는 특히 저녁 무렵 펼쳐지는 행사가 인상적이다. 정치범들은 마당에 모여 프랑스 국기를 휘날리며 라 마르세예즈(프랑스의 국가)를 불렀다. 노래가 끝나면 죄수들은 프랑스 국기에 입을 맞추고 부랑자들의 노랫소리에 따라 감방으로 돌아갔다.

또 사식으로 들어온 술을 마시며 토론을 벌였는데 술이 약한 갈루아는 정치범들의 도발적인 질문에 대답하며 만취했다. 라스파유는 술에 취한 갈루아가 자기혐오에 빠져 있었고 '순진한 영혼'에게 설교했다고 증언했다. 교도소에 술이 있었다는 것은 갈루아를 축복하기 위함이 아니었을까? 교도소에 갇힌 죄인이면서 수학을 연구하는 갈루아의 모습이 참 멋지다는 생각이 든다.

1832년 3월에 보석으로 풀려난 이 젊은이에게 생애 최후의 여자가 나타났다. 이 여자에 대해서는 명확히 알려진 바가 없고 갈루아가 죽을 때에도 나타나지 않았다고 한다. 하지만 그는 이 여자를 위해 결투까지 했다. 그래서 여자가 경찰의 스파이였다는 이야기도 나왔지만 이제 와서 조사해 봤자 아무 소용없다. 갈루아가 남긴 '모든 공화주의자에게 고함'이라는 유서에는 "나는 음란한 여자 때문에 죽는다. 내가 죽는 것은 보잘 것 없는 싸움 탓이다……."라고 씌어 있다. 이것은 인민을 위해 죽지 않는 자신을 자조한 것이지만 '음란한 여자'를 업신여겼다고 해석되는 점이 갈루아의 마지막 오점이었다. 음란한 여자를 위해 죽지 않았다면 갈루아의 생애는 완성되지 않았다. 그리고 마지막으로 "이제 시간이 없다."고 수학적 유서를 남겼다.

6월 2일에는 갈루아 추도 시위에서 봉기 계획이 있었고, 그것을 탄압하기 위한 도발과 체포도 있었다. 그러나 마침 그날 라마르크 장군이 사망했기 때문에 피의 봉기는 장례식인 6월 4일로 연기됐다. 만약 갈루아에게 정치적 음모가 있었다 해도 그의 죽음은 헛된 일이었을 것이다.

5월 30일 이른 아침, 갈루아는 늪 근처에서 권총으로 결투를 벌였다. 이름도 모르는 '음란한 여자'의 명예를 위해서였다. 갈루아와 결투를 벌인 사람은 공화주의자라고 하지만 확실치 않다. 갈루아는 다음 날인 31일 20세의 나이로 병원에서 사망했다.

이 얼마나 멋진 젊은이의 죽음인가! 19세기 초기의 로맨틱한 시대와는 거리가 먼 요즘에 어떤 멋진 일을 해도 갈루아를 따라갈 수는 없을 것이다.

제임스 조지프 실베스터
James Joseph Sylvester

1814	영국 런던에서 출생
1838	런던 대학 유니버시티 칼리지의 자연철학 교수가 됨
1841	미국 버지니아 대학 수학 교수직을 맡았으나 3개월 후 그만둠
1845	런던에서 보험회사의 보험계리인이 됨. 수학 개인교사를 함(제자 중에 플로렌스 나이팅게일이 있었다)
1846	이너템플 법학원의 학생이 됨
1850	변호사 자격을 획득. 변호사로 일하면서 케일리와 친분 관계를 맺기 시작함
1855~70	울리지의 영국 육군사관학교 수학 교수가 됨
1876	다시 미국으로 건너가 존스홉킨스 대학 수학 교수가 됨. 『타원함수에 관한 연구』 출간
1878	「미국 수학 저널」 창간
1883	영국으로 돌아와서 옥스퍼드 대학교의 새빌좌(座) 기하학교수가 됨
1897	런던에서 사망

아서 케일리
Arthur Cayley

선의의 경쟁자

도서관에서 수학자 전집 코너를 보면 질릴 정도로 많은 양을 차지하고 있는 수학자가 오일러, 코시, 그리고 케일리이다. 19세기 영국의 선형대수학파라고 하면 어수선한 느낌이 드는 데다 수학자 전기에서도 이렇게 많은 양을 차지하고 있으니 케일리는 도대체 어떤 사람일까 하는 호기심이 든다. 그런데 이런 케일리도, 또 그의 동료 실베스터도 복잡한 일생을 살았다고 한다.

19세기 영국 문화는 조금 복잡했다. 18세기 영국은 뉴턴과 로크의 명성만 높았지 사실은 아무것도 없었다. 19세기가 되자 어수선하지만 수학사도 새롭게 단장을 했다. 당시 영국은 산업 혁명과 식민지를 통해 세계 최고를 자랑하는 선진국이었다. 대륙에서처럼 전쟁이나 혁명이 있었던 것은 아니지만 선진국으로 생활양식이 바뀌었다.

케일리는 리치몬드 상인의 아들로 태어났다. 이후 케임브리지 대학을 다니면서 수학에서 두각을 나타냈다. 23세 때 발표한 'n차원 해석기하'는 그라스만의 『광연론』과 같은 해(1844)에 나왔다. 다음 해에 발표한 '선형변환론'은 행렬과 선형변환과 관련한 내용이었고, 그 다음 해에 나온 '초행렬식'은 불변식에 관한 내용이었다. 이처럼 케일리는 수학자로서 출발했다. 하지만 1846년 25세의 나이에 법학원에 들어가 법률가의 길을 걷기 시작했다. 그런 가운데 1848년 혁명에서 정치에 열중했을 때는 파프 방정식 연구를 완성하기도 했다. 어쨌든 그의 본업은 법률가였다.

19세기 영국에서 대표적인 지적 직업은 변호사였다. 케일리는 1850년에 변호사를 개업하고, 얼마 후 케일리의 동료로 실베스터가 나타났다. 그때 케일리가 29세, 실베스터가 36세였다.

실베스터의 일생은 케일리보다 더 복잡했다. 그는 유대인이었고, 형들은 미국으로 이민을 갔지만 그는 케임브리지대학의 드 모르강 교수에게 수학 재능을 인정받아 그곳에서 공부했다. 24세에 런던 대학에 취직했지만 1841년에 미국으로 건너가 버지니아 대학의 교수가 됐다. 하지만 형이 보험사에 있던 영향으로 그는 보험 회계사가 되어 귀국했다. 1846년에는 그도 법학원에 들어가(케일리와 비교하면 평범한 학생이었지만) 케일리의 동료가 됐다.

이 무렵 실베스터는 세계 최초로 고윳값 문제를 다뤘다. 2차 곡선의 분류에 관한 문제로 단인자론도 전개했다. 케일리가 정식으로 행렬론을 제기한 것은 그 후의 일이기 때문에 실베스터를 행렬의 창시자로 보는 사람도 있다. 실베스터는 계수의 개념도 다뤘다. 1842년에 언급한 2차 형식 표준형 이론은 가우스나 야코비 같은 선구자도 있지만 사실은 실베스터가 연구한 것이었다.

이윽고 1855년, 41세의 실베스터는 변호사를 그만두고 네덜란드 육군 사관학교의 수학 교관으로 취직했다. 변호사인 케일리는 수학 부문에서 더욱 다산한 시기를 맞이했다. 1853년에 『4원수 강의』를 발표한 해밀턴의 영향을 받은 것 같다.

1858년의 「행렬론」에서는 행렬대수를 조직적으로 다루어서 케임브리지 시절의 착상이 결실을 맺었다. 물론 실베

▶ 젊은 시절의 케일리를 그린 초상화

스터와의 교우도 거기에 투영되어 있었다. 4원수의 행렬 표시는 4원수론에서 받은 영향으로, 최초로 선형환 행렬 표현이라고 할 수 있다. '해밀턴-케일리의 정리'가 n차원에 대해 정식화된 것도 이 논문이다. '선형대수의 성립'을 어디에 두느냐는 역사적 개념이 얼마나 성숙해지느냐에 달렸지만 어쨌든 그의 「행렬론」은 확실히 자리를 잡았다.

1859년에 19세기 기하학을 종합한 논문이 등장했다. 이것을 통해 계량기하학과 사영기하학의 상호 적용을 논했고, "유클리드 기하는 사영기하의 일부이며 사영기하는 모든 기하이다."라는 유명한 표어가 나왔다. 클라인(C. Felix Klein)의 '에를랑겐 프로그램'에서는 그것을 토대로 기하학의 새 길을 제시했다. 실제로 '에를랑겐 프로그램'에서 쌍곡형 비유클리드 기하를 설명했고, 로렌츠군을 처음으로 지정했다. 또 힐베르트(David. Hilbert)의 기저 정리의 특별한 경우를 다루었다든가 플뤼커(Julius Plucker)의 직선기하와 관련이 있는 등 화제가 많았다.

그 외에도 케일리는 처음으로 군(群)을 정의했다. 그리고 케일리 변환도 자주 사용했다. 해밀턴의 4원수 다음으로 케일리가 생각한 8원수는 '케일리 수'라고도 하는데, 수의 계열에서 이것은 기묘하다. 4원수까지는 전형군을 형성하지만 8원수가 되면 변형된 예외군이 된다. 8원수는 '4원수 교회'와 같은 소동은 일어나지 않았지만 4원수 교회보다는 8원수 교회가 종교적 대상으로 적합했다.

1863년, 대수학자이자 변호사인 케일리는 케임브리지 대학의 교수가 되고 결혼도 하게 됐다. 그는 이미 결혼 전 몇 년 동안 수학의 주요 업적을 모두 이뤘다. 젊은 수학자가 화려한 업적을 남기고 취직해 그 후에 결혼하는 것은 보기 드문 일이 아니다. 그러나 케일리는 42세 때 업적과 함께 명성까지 얻었으니 인생을 역행한 느낌이 든다.

▶ 말년의 실베스터의 초상화

케일리와 쌍두마차였던 실베스터는 성실하게 사관학교를 다녔지만 1870년에 정년을 넘었다는 이유로 퇴출당했다. 케일리는 매우 촌스러워서 스콧이나 오스틴의 책을 애독했다고 하지만 실베스터는 세련된 노인이어서 시를 짓거나 고전을 읽고 때로는 체스에 열중했다. 그리고 돈이 떨어지자 『시의 법칙』이라는 베스트셀러를 쓰는 등 우아한 생활을 했다.

1875년은 존스 홉킨스 대학이 생긴 다음 해였는데, 실베스터는 그곳에 초빙되어 대학 교수가 됐다. 이 무렵에 소수 분포의 근사식을 만들고 '모잘린느'라는 시를 지었다. 그리고 1881년에 케일리를 초빙했다. 두 사람은 런던의 법률 사무소에서 명성을 떨친 이래 30년 만에 다시 당시의 화제였던 불변식론의 최고 권위자로서 신대륙에 군림했다.

이처럼 두 사람은 미국 대수학파를 성립하는 데 크게 공헌했다. 1871년, 런던 한복판에서 하버드의 벤자민 퍼스가 클리퍼드와 4원수에 대한 의견을 교환했다. 그리고 그것이 1870년대 퍼스 부자(父子)의 선형대수 연구의 발단이 됐다. 이런 점에서 보면 영국학파가 미국학파의 부모인 것은 확실하다.

1883년, 실베스터는 영국 옥스퍼드 대학에서 정식으로 대학 교수가 됐는데 당시 69세였다. 10년 후인 1893년에 퇴직하고 난 뒤에도 시와 수학을 즐기며 살았다. 실베스터는 케일리가 죽고 2년 뒤에야 그를 따라갔다. 그는 케일리보다 훨씬 더 극단적이었으며 변호사로서 수학을 연구하고 대학 교수로서 시를 지었다. 또 은거 후에 대학 교수가 되는 등 보통 사람들과는 다른 인생을 살았다. 거기에는 19세기 영국의 정신이 작용하고 있다고 여겨진다.

이 두 사람과 파리의 에르미트를 합쳐[또는 더블린의 살몬(George Salmon)을 포함해] '불변식의 성삼위'라고 한다. 전형군의 불변식은 19세기에 중요시됐지만, 20세기가 되자 전형군의 표현을 중요시하는 것으로 화제가 옮겨졌다. 수학에는 '중요시하는' 시기가 있으며, 그것은 많은 일반 개념의 원천이 되기도 한다. 그러나 발견된 수학적 사실이 다음 시대에는 잊히는 일도 많다. 케일리의 전집 중에는 아마 이런 사실들이 기록되어 있을 것이다.

카를 바이어슈트라스
Karl Weierstrass

철봉에서 탄생한 수학

1854년은 28세의 리만이 『기하학의 기초를 이룬 가설』을 강연해 죽기 전년의 가우스를 감격시킨 해였다. 그러나 그해 독일 수학자들은 어느 낯선 저자가 아벨 함수에 대해 쓴 논문을 보았다. 주인공은 39세의 바이어슈트라스로 시골 고등학교에서 체조를 가르치고 있었다.

그에 대해서 두 가지 이야기가 전해져 온다. 하나는 이 논문이 원래 그 고등학교의 잡지에 나올 예정이었다는 것이다. 「철봉과 평행봉」으로 정해져 있었는데 알고 보니 어려운 수학 내용이어서 전문 잡지에 내게 됐다. 또 하나는 어느 날 바이어슈트라스가 학교에 오지 않아서 교장이 하숙집으로 가봤더니 정신없이 논문을 쓰고 있었다고 한다. 어쨌든 이 논문을 읽은 쾨니히스베르크 대학의 교수가 학위를 내걸고 이 시골 고등학교로 간 것은 사실이다.

바이어슈트라스는 뮌스터에 사는 세관사의 아들로 태어났으며 집안은 별로 유복하지 않았다. 18세 때 법률을 공부하려고 본 대학에 들어갔다. 수학 강의도 듣기는 했지만 4년 동안 학점을 하나도 얻지 못했다. 그 대신 펜싱을 익혀 결투에서 결코 지는 법이 없었다. 하지만 그렇게 해서는 먹고 살 수 없었기 때문에 교사가 되기 위해 뮌스터 대학에 다녔다. 여기에서도 수학에 열중했다. 구더만 교수의 강의는 첫 주에 13명의 학생이 수업을 들었는데 그 다음 주에는 24세인 바이어슈트라스만 있었다고 한다.

26세에 교사 자격을 땄고 이듬해 도이치 크로네 고등학교에서 수학과 물리, 국어와 지리, 나중에는 체조를 가르쳤다. 수학에 관해서는 코시와는 독립적으로 복소함수론을 연구했고 고등학교 잡지에 감마(Γ)함수에 대한 논문도 발표했지만 그 사실을 아는 수학자는 없었다.

구더만은 그에게 대학에 머무르기를 권했다. 바이어슈트라스가 고등학교 교사가 된 이유는 먹고 살기 위해서이기도 했지만, 교사가 적성에 맞지 않는 것도 아니었다. 1848년에는 브라운슈바이크 고등학교로 자리를 옮겼다. 이 해에는 혁명이 일어났고 출판에 대한 검열 제도도 있었다. 바이어슈트라스는 문학 부문에서 검열관 대행을 맡아 지방 신문에 선동적인 시를 퍼뜨렸다. 이 무렵에 고등학교 잡지에 아벨 적분에 대한 논문을 발표했지만 20대 후반부터 30대 내내 고등학교 교사로서 시골 생활에 만족했던 것 같다.

1855년, 베를린 대학 교수 디리클레는 가우스가 사망한 후 괴팅겐으로 옮겼고 베를린에서는 쿠머(Ernst E. Kummer)가 교수가 됐다. 바이어슈트라스는 다음 해에 조교수가 됐다. 쿠머의 제자 크로네커(Leopold Kronecker)는 젊은 실업가로서 성공했지만 30세에 수학으로 복귀했다. 바이어슈트라스가 아벨 함수 논문 때문에 학교에 가지 않았던 시기였다. 그래서 바이어슈트라스는 베를린에서 9살 연하의 시끄러운 젊은 남자와 얼굴을 마주하게 됐다.

바이어슈트라스는 강한 자극을 받았다. 40세가 넘어 대학에 들어갔지만 원래 무관심한 성격이라 자신의 논문을 정리하지 않은 채 분실하는 일이 잦았고, 저작을 발표하는 일도 없었다. 1850년대는 대학 아카데미즘이 '직업으로서의 학문'으로 정착됐던 때지만 그는 처음부터 연구 경쟁 등에

▶ 바이어슈트라스의 묘비

뜻이 없었고 오히려 그런 사람들을 비판했다. 다른 사람이 자신의 미발표 논문의 일부를 사용할 때에도 사용 방법의 졸렬함을 비판했지 사용한 것 자체를 비난하지는 않았다. 만년에는 서신에서 푸앵카레의 다작을 두고 졸속이라고 비난하기도 했다.

이런 성격 탓에 대학 아카데미즘을 상징하는 베를린 대학의 분위기에 빨리 적응하지 못해 노이로제에 걸렸다. 그래서 강의할 때도 의자에 앉아서 학생들에게 식을 쓰게 했다. 그래도 그의 강의는 항상 인기가 있었고, 소수정예주의인 크로네커와 달리 항상 강의실이 만원이었다. 그때의 강의록으로 인해 후세 사람들은 바이어슈트라스의 '쓰지 않은 저작'을 갖게 됐다.

그러나 노이로제는 그가 평생 독신 생활을 한 탓도 있다고 한다. 그 무렵에도 살아 있던 아버지가 독신주의자였기 때문에 바이어슈트라스의 형제들은 세 명이나 독신으로 지냈다. 아버지는 바이어슈트라스가 어릴 때 아내와 사별하고 재혼했는데, 두 번 결혼하여 네 명의 아이를 가진 독신주의자였다. 실제로 바이어슈트라스의 남동생이 결혼하려고 하자 아버지가 반대했다고 한다. 자신이 느낀 고통을 자식들은 겪지 말았으면 하는 바람이었는지도 모른다. 전기 작가에 따르면 바이어슈트라스의 친어머니는 속으로 남편을 싫어했고, 새어머니는 전형적인 독일 주부였다고 한다. 하지만 그렇게 완고한 독신주의자일 필요는 없었을 것 같다.

바이어슈트라스의 대학 경력은 워털루 전쟁 때 태어난 비스마르크의 정치 경력과 거의 겹친다. 49세에 교수가 되고 바로 프로이센-오스트리아 전쟁이 일어났으며, 얼마 후 프로이센-프랑스 전쟁이 끝났다. 1871년에 독일 제국이 세워지고 비스마르크가 초대 총리가 되자 바이어슈트라스는 2년 뒤부터 베를린 대학 학장이 됐다.

프로이센-프랑스 전쟁 직후 54세의 바이어슈트라스 앞에 챙 넓은 모자를 쓰고 촉촉한 눈동자를 가진 19세 러시아 아가씨 소냐 코발레프스카야가 나타났다. 당시 대학은 여성의 청강을 허락하지 않았기에 소녀는 매주 한 번씩 바이어슈트라스를 찾아왔고 그도 그녀를 찾아가곤 했다.

스웨덴의 젊은 수학자 레플러(Mittag Leffler)가 전후에 에르미트를 찾아왔을 때 에르미트는 적국 독일의 바이어슈트라스를 추천했다고 한다. 레플러는 소냐보다 4살 연상이었고, 바이어슈트라스를 사사했다. 소냐는 만년의 바이어슈트라스에게 잘 보이기 위해 몇 번이나 화려한 차림을 했다. 그녀는 레플러가 학장을 맡았던 스톡홀름 대학에서 교수로 활동하다 41세의 나이에 스승보다 먼저 세상을 떴다. 비스마르크가 총리를 사임한 다음 해인 1891년이었으며 바이어슈트라스도 76세의 고령이었다.

이 해에는 크로네커도 사망했다. 바이어슈트라스에게는 타원함수, 해석함수, 변분 등 중요한 업적이 많이 있었지만 젊은 데데킨트(Julius W. R. Dedekind), 칸토어와 함께 19

세기 후반에 '무한과 연속'을 연구하기도 했다. 크로네커는 '유한'에 따른 '무한의 부정자'로서 잘 알려져 있다. 이 실업가는 만년에 어쩔 수 없이 쿠머의 후임이 된 60세까지 아카데미 회원으로서 베를린 대학에서 강의했지만 실질적으로는 베를린의 실력자였다. 그래서 예전에 제자였던 칸토어는 크로네커와 충돌해 정신병원에서 살게 됐고, 얌전한 데데킨트는 베를린에 가까이 가지 않았다. 그래서 항상 바이어슈트라스는 따돌림을 당했다.

사랑하는 여자와 미워하는 남자가 세상을 뜨자 바이어슈트라스도 병이 들었다. 유연했던 몸이 움직이지 못하고, 주량도 눈에 띄게 줄었다. 1897년, 악성 부스럼이 유행한 해에 죽음의 사자가 그를 데려갔다. 향년 81세였다.

소냐 바실리예브나 코발레프스카야
Sonya Vasilievna Kovalevskaya

1850	모스크바 귀족 집안에서 출생
1864	가정교사에게서 처음으로 수학을 배움
1868	결혼. 공부를 계속하기 위해 남편과 독일로 건너감
1869	하이델베르크 대학의 물리학자 헤르만 폰 헬름홀츠 밑에서 수학
1871~1874	여성에게 강의가 허용되지 않자 베를린에서 바이어슈트라스와 함께 개인적으로 연구
1874	편미분방정식에 관한 논문으로 괴팅겐 대학에서 부재자 학위를 받음
1884	스톡홀름 대학 강사가 됨. 5년 뒤에 고등수학 교수로 임명됨
1888	고정점을 중심으로 한 강체(剛體)의 회전에 관한 논문으로 프랑스 과학 아카데미의 보로댕 상을 받음. 워낙 탁월한 논문이었기에 상금을 두 배로 받음
1891	사망

최초의 여성 수학 교수

소냐에게는 집시의 피가 흘렀다. 그녀의 녹색 눈을 본 남자들은 모두 마음을 빼앗길 수밖에 없었다.

43세의 도스토예프스키는 병든 아내를 잃자 여비서 아폴리나리야와의 애욕에 지쳐 귀족 크루코프스키 장군의 집을 찾았다. 그곳에는 전부터 소설을 보내 주던 문학 소녀 아뉴타가 있었다. 21세의 한창 꽃다운 나이였지만 도스토예프스키는 15세인 여동생 소냐의 녹색 눈도 놓치지 않았다. 때로는 아뉴타 앞에서 소냐의 아름다움을 찬미하기도 해서 소냐는 그가 자신을 사랑한다고 믿었다. 하지만 아뉴타에게 구혼하는 도스토예프스키를 보고 그녀는 눈물로 베개를 적셨다. 하지만 정작 아뉴타는 그의 구혼을 받아들이지 않았고 작가는 떠났다. 도스토예프스키가 『지하실의 수기』와 『죄와 벌』을 쓰고 있을 때였다.

이 귀족 자매는 1867년에 상트페테르부르크에 있었다. 아나키스트당원의 황제 암살이 실패로 끝난 다음 해였다. 아뉴타와 동료 이네즈는 서유럽으로 가는 것이 희망이었다. 그녀들은 누군가와 위장 결혼을 해서 서유럽으로 탈출하자고 계획을 세웠다. 그녀들은 지질학자 코발레프스키를 지목했다. 하지만 정작 그가 선택한 사람은 당시 17세였던 소녀였다.

이렇게 코발레프스키와 화려하게 '결혼'한 소녀는 하이델베르크로 갔다. 바이어슈트라스의 첫 학생이었던 쾨니히스베르거가 수학 교수였는데, 그는 소냐가 강의를 듣게 해달라고 하자 당황했다. 옆에 있던 물리학과 교수 틴달이 "이런 미인의 청을 거절할 셈인가?"라고 해서 그녀의 청을 받아들였다. 이후 아뉴타와 이네즈도 무사히 하이델베르크에 왔다. 소냐의 남편이 빈으로 가자 소냐는 혼자 남아 공부를 했다. 다행히 소냐는 쾨니히스베르거와 키르히코프의 마음에 들었다. 그러나 그때는 화려하지 않았고 옷에도 별로 관심이 없었으며, 이야기에 너무 열중하여 소매에 있는 자수를 잡아 찢기도 했다. 그래도 자신의 눈이 가진 매력은 잘 알

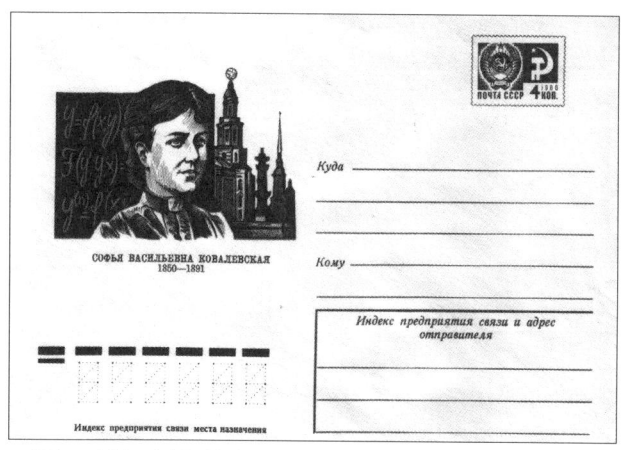

▶ 코발레프스카야의 모습이 들어간 엽서

고 있어서 심한 근시였음에도 결코 안경을 쓰지 않았다.

그 다음 해에는 베를린에 있는 바이어슈트라스에게 갔
다. 그 후 4년 동안 바이어슈트라스의 총애를 받았다. 바이어
슈트라스는 2년 뒤 그녀에게 남편이 있다는 이야기를 듣고
큰 충격을 받았다. 소냐는 그 와중에 1871년 종적을 감추고
파리로 갔다. 언니 아뉴타가 파리에서 코뮌의 투사와 연애
중이었기 때문에 함께 야전병원에서 혁명 전사들을 간호했
다. 소냐가 베를린으로 돌아간 어느 날, 코뮌이 무너져 언니
의 연인이 사형을 선고받았다. 소냐는 아버지 크루코프스키
장군을 불러 티에르와 교섭했고 언니의 연인을 탈주시켰다.

24세 때에는 괴팅겐 대학에서 학위를 받았다. 그것이 편미분방정식의 초깃값 문제에 관한 코발레프스카야의 정리였다. 그리고 자매는 아버지 곁으로 돌아갔다. 언니의 남편은 공산주의자이고 여동생의 남편은 지질학자였지만 그래도 장군의 살롱은 인기가 많았다. 그러나 이 불행한 장군은 자랑스러운 딸들이 돌아온 지 얼마 안 되어 사망했다. 소냐가 코발레프스키의 실제 아내가 된 것도 이 무렵이다. 그리고 상트페테르부르크의 사교계에서 활약하면서 자매 모두 여류작가로도 활동해 시와 소설, 각본을 썼다. "코발레프스카야가 수학을 그만두었다."는 소식을 들은 바이어슈트라스는 실망해서 소냐에게 편지를 썼지만 감감무소식이었다.

그녀는 딸을 낳고 아버지가 남긴 유산으로 사업에 손을 댔다. 그러나 의외로 얌전했던 남편이 아내가 시작한 사업에 열중하는 모습을 보였다. 소냐는 옛날의 지질학자로 되돌려놓으려고 했지만 그 무렵 획득한 모스크바 대학 교수직도 방치해 둔 상태였다. 그래서 소냐는 남편에게 다른 여자가 생긴 것이라고 오해해 남편과 딸을 남겨둔 채 수학 연구를 위해 베를린으로 떠났다. 당시 그녀 나이 30세였다.

여행 도중 중후한 중년 신사와 열차에 같이 탔는데 그 신사는 힘없는 소냐를 위로해주었다. 우연히 '연기 본능'이 살아나 돈을 벌기 위해 떠나는 여교사처럼 연기해 하룻밤을 같이 보낸 뒤 이름도 묻지 않고 헤어지는 로맨틱한 일도 있었다.

그녀가 수학을 했다고는 해도 베를린에 자리 잡은 것은 아니었다. 파리에 가서는 시인, 수학자, 혁명가로 활동하기도 했다. 그곳에서 마치 로맨스를 위해 태어난 것 같은 폴란드 청년과 연애하고 밤을 함께 보내면서 시를 합작하기도 했다.

남편이 사업에 실패해 자살했다는 소식을 들은 것은 파리에 있을 때였다. 소냐는 마침 병을 앓고 있었는데 이 비보를 듣고 정신을 잃었다. 그 일로 아름다운 얼굴에 영원히 사라지지 않는 하나의 주름이 생겼다.

그때 동문인 미타크 레플러가 신설된 스톡홀름 대학 교수가 되어 소냐를 강사로 불렀다. 이렇게 해서 34세의 소냐는 대학에서 수학을 강의하는 세계 최초의 여성이 됐다. 강의는 대호평이었다. 그녀는 젊은 미국인 신문기자와도 친하게 지냈고 스케이트와 승마에도 열중해 사교계의 꽃이 됐다. 파리에 가서는 푸앵카레와 수학을 논했으며, 후에 소냐의 전기를 쓴 레플러의 여동생 샤를로타 레플러와는 노르웨이로 배 여행을 떠나기도 했다.

샤를로타와는 함께 지내는 시간이 많아서 공동으로 각본을 쓰기도 했다. 어느 날 샤를로타가 이탈리아로 여행을 떠났는데 소냐는 그녀와 헤어지는 것을 인정하지 않았다. 게다가 언니가 죽었다는 비보를 듣고 중견 탐험가 난센과 짧은 연애를 하며 쓸쓸함을 달랬다. 그 후 M과 생애 최후의 사랑을 했다. 샤를로타의 전기를 보면 이 인물의 본명은 나오지 않고 그냥 천재적인 러시아인이라고만 기록되어 있다. 대단한 유명인사 같은데 도무지 짐작할 수가 없다.

이 시기는 수학자로서 최고의 절정을 맞은 시기이기도 했다. 강체의 회전에 대한 논문으로 파리 과학 아카데미상을 받았고, 이듬해에는 39세의 나이로 스톡홀름 대학 교수가 됐다. 그러나 독일이나 러시아에서는 여성 차별이 심해서 대학과 아카데미에서 받아주지 않았다.

파리에 동행한 M은 "나를 택할 것이냐, 수학을 택할 것이냐?"라고 했다. 2년 만에 샤를로타와 재회했을 때 소냐는 수학과 문학, 연애라는 세 갈래 길에 놓여 있었다. 소냐는 미모를 상실하기 전에 죽기를 원했다고 했지만 그 소망은 이루어지지 않고 40대를 맞이했다.

41세 때, 소냐는 M과 지중해 여행을 갔다. 제노바의 대

리석 묘지에서 파란 지중해를 바라보며 "새해에 묘지에 오다니, 둘 중 누가 죽는 것은 아닐까?" 하고 농담 삼아 중얼거렸다고 한다. M과 헤어져 북쪽으로 향한 소냐는 겨울의 찬 바람에 발목이 잡혔다. 그리고 스톡홀름에 도착한 후 병상에 누워 일주일을 넘기지 못했다. 그녀가 마지막에 쓴 소설 제목이 『허무주의 여자』였다고 한다.

쥘 앙리 푸앵카레
Jules-Henri Poincaré

1854	출생
1872~1875	에콜 폴리테크니크에 들어가 수학에서 수석을 차지
1879	편미분방정식에 관한 논문으로 국립고등광산학교에서 박사학위를 받음
1881	대학에서 평생 동안 강의와 역학, 실험 물리, 수학, 이론 천문학에 관한 500여 편의 논문을 쓰면서 보냄
1887	파리 과학 아카데미 회원이 됨
1889	레지옹 도뇌르 훈장을 받음
1895	위상수학의 초기 체계를 다룬 『위치해석』을 발표
1906	전자동역학에 관한 논문에서 아인슈타인과 별도로 특수상대론에 대한 많은 결과를 얻음. 과학 아카데미 회장으로 뽑힘
1908	프랑스 학자들의 최고 영예인 아카데미 프랑세즈 회원이 됨
1912	사망

수학계의 마지막 고전

1871년, 코뮌이 패배했을 때 로렌 주 낭시는 독일군이 점령하고 있었다. 이곳의 의과 대학 교수였던 푸앵카레의 장남은 17세였다. 그는 수학 재능이 뛰어난 것으로 유명했지만 중요한 수학 시험에서는 쉬운 문제를 틀리는 실수를 범했다. 결국 낙제하여 대학 입시를 준비하고 있었다. 시험 문제를 풀 때 도중에 경과를 뛰어넘었는데, 그렇게 해서는 시험에 통과하지 못한다고 교사에게 혼났다.

수학 재능도 우등생 타입은 아니었다. 5세 때 디프테리아를 오래 앓으면서 문학서와 친해졌고 수학을 잘하게 된 것은 15세 때부터였다. 새나 곤충을 좋아했는데 태어나서 처음으로 갖게 된 엽총을 잘못 쏴서 작은 새를 죽인 적이 있었다. 그 후부터는 총 드는 일을 싫어했다.

때때로 멍하게 있던 특이한 아이였던 푸앵카레는 노는데 열중해서 밥 먹는 것도 잊어버릴 때가 많았다. 뉴턴에 필적하는 방심하는 습관은 그 생애를 통해 유명한 일화를 많이 남겼다. 오랜만에 외국에서 손님이 왔는데, "귀찮아."라고 말하고는 계속 생각에 몰두했다는 일화 등이 대표적이다.

그래도 무사히 에콜 폴리테크니크에 입학했다. 하지만 손재주가 없어서 삼각형도 제대로 그리지 못했다. 그래서 후세 사람들은 그 결함을 메우기 위해 위상기하의 창시자가 됐을 것이라고 평했다.

에콜 폴리테크니크를 나오고 나서는 광산학교에 들어가서 오스트리아나 노르웨이로 실습 여행을 갔고 25세에 광산 기사가 됐다. 17명의 사상자를 낸 가스 폭발 사고가 일어났을 때에는 구덩이 속에 들어가서 구출 작업을 벌이기도 했다.

이러는 와중에도 편미분방정식을 다룬 논문을 써서 학위를 받기도 했다. 논문을 심사했던 다보(Jean G. Darboux)는 논문은 매우 훌륭하지만 수정하거나 설명을 추가해야 할 부분이 있다고 했다. 그 후에도 몇 번이나 논문을 정리하지 않고 쓸데없는 부분을 남겨뒀다는 비판이 있다. 그해 말에는 광산을 그만두고 칸 대학에서 교직에 종사했다. 그리고 섣달 그 믐날 밤을 멍하니 보내고 새해가 됐는데, 그때 문득 떠오른 것이 푸크스 함수에 관한 것이었다. 블랙커피를 너무 많이 마셔서 잠을 자지 못했기 때문이라고도 한다.

이 시기는 그가 후년에 『과학과 방법』(1908)에서 이야기 했기 때문에 꽤 유명해졌다. 지질 여행을 갔을 때 수학과는 잠시 떨어져 있었는데 마차의 발판에 발을 올려놓는 순간 푸 크스 함수와 비유클리드 변환의 관계가 떠올랐다고 한다. 또 해안에서 멍하니 산책하다 절벽 위에 선 순간 푸크스 함 수와 2차 형식의 관계가 떠올랐다고 한다. 그러고 나서 병역 중에 큰 길을 행진하다 그것들을 해결했다는 이야기도 있 다. 수많은 실패의 날들을 보내고 여행이나 산책, 행진 때 멍 하니 있다가 갑자기 계시를 받은 그 자체는 별로 이상하지 않지만 그 이야기들을 꽤 드라마틱하게 써서 『과학과 방법』 이 유명해졌다고 한다.

27세 때 파리로 옮겨갔는데 이때 에를랑겐에 있던 다섯 살 연상의 클라인과 문서로 경쟁하면서 그 내용을 보형함수 론으로 완성했다. 새로운 아이디어를 추구하면서 정리되지 않은 논문을 쓰는 푸앵카레에게 지친 클라인은 괴팅겐에서

▶ 푸앵카레가 다른 학자들과 수학에 관해 논의하고 있다. 맨 오른쪽에 젊은 시절의 아인슈타인의 모습도 보인다.

'제왕 클라인'으로 수학 행정의 수완을 발휘했다.

32세 때 푸앵카레는 이론 물리학 교수, 다음 해에는 과학 아카데미 회원이 됐다. 그리고 10년 후에는 천체역학 강좌를 맡았다. 이 시기에 쓴 『천체역학의 새 방법』(1892~99)은 고전이 됐다. 그것은 바이어슈트라스가 안고 있던 삼체문제를 풀고 '오스카 2세상'을 획득한 35세 때부터 10년간에 걸쳐 노력한 산물이기도 했다. 뉴턴의 '역학'이 많은 수학자를 포함한 것처럼 푸앵카레의 '천체역학'도 많은 수학자를 포함했다. 그는 점근전개를 수학적으로 정식화했다. 최근 콜모고로프(A. N. Kolmogorov)나 신예 스메일(Stephen

Smale) 등의 이름과 함께 각광받고 있는 역학계의 이론도 푸앵카레의 연장선상에 있다.

푸앵카레의 이론은 '미분방정식의 정성(定性)적 이론'이라고 하는데, 그것은 20세기의 관심 분야인 위상기하의 시초가 됐다는 점에서 위대한 평가를 받았다. 여기서 위상기하학자인 스메일의 푸앵카레 회귀는 역학계의 '푸앵카레의 회귀 정리'를 연상시킨다.

이처럼 19세기 말에 푸앵카레는 세계 최고의 수학자가 됐다. 제1회 보여이상을 받았고, 그 무렵에 두각을 나타낸 힐베르트는 "푸앵카레처럼 여러 분야가 아니라 전문 분야가 한정되어 있다."는 이유로 제2회 보여이상을 받았다. 푸앵카레의 다면성 때문에 그를 '최후의 만능선수'라고 하는 사람도 있다. 하지만 20세기에 힐베르트가 그 이상의 다면성을 나타내어 결코 '최후'는 존재하지 않는다는 것이 증명됐다.

20세기에는 문필 활동으로 유명해졌다. 『과학과 가설』 (1902), 『과학의 가치』(1905), 『과학과 방법』 그리고 사후에 출판된 『만년의 사상』(1913)은 세계 각국어로 번역됐다. 그는 54세 때 아카데미 프랑세즈 임원이었고, 그 전에는 과학 아카데미 회장이기도 했다.

그러나 이 무렵에 병이 들었다. 1908년 로마의 국제회의에서 '수리물리학의 장래'라는 강연이 예정되어 있었지만 전립선 수술 때문에 취소됐다. 그리고 4년 후에 재수술을 받았으나 그 직후에 사망했다. 그가 사망하기 전년에 쓴 부동점 정리에 대한 미완성 논문이 팔레르모 수학회에 보내졌다. 다소 조잡하기는 해도 화려한 재치로 기선을 제압했던 푸앵카레도 이제는 미완성 정리를 다른 사람 손에 맡겨야 했다. 그가 사망한 지 반년 후에 하버드 대학의 버코프(George D. Birkhoff)가 그 증명을 발표했다. 신흥 미국 수학계에서 하버드 대학과 프린스턴 대학의 중심 인물은 역학계 및 대역변분법에서 푸앵카레를 이은 버코프와 위상기하학의 형식에 전력을 다한 베블런(Oswald Veblen)이었다.

후에 미국과 나란히 수학 대국이 된 러시아에서는 레닌이 『유물론과 경험 비판론』(1909)에서 『과학의 가치』를 공격했다. 그리고 푸앵카레를 '위대한 물리학자이며 왜소한 철학자'라고 했다. 푸앵카레는 당시 새로운 과학 사상, 수학의 공리주의나 물리의 상대론에 대해 뛰어난 이해력을 자랑했지만 지금으로 보면 그 이해력은 20세기 초의 시대성을 띠고 있다. 오히려 완고하고 이해력이 떨어지는 클라인의 저서를 시대적 제약을 경계하지 않고 읽을 수 있다는 것은 기묘한 일이다. 뛰어난 이해력이란 시대의 각인을 띠고 있기라도 한 것일까?

그러고 보면 현대의 수학자들에게 푸앵카레는 마지막 고전이라고 할 수 있다. 고전이란 시대를 뛰어넘을 수 있기에 고전이라고 하는 것이다.

다비드 힐베르트
David Hilbert

1862	출생
1884	쾨니히스베르크 대학에서 박사 학위를 받음
1886~1895	쾨니히스베르크 대학 교수로 재직
1895	괴팅겐 대학 수학 교수가 되어 그곳에서 여생을 보냄
1909	동료이자 친구인 민코프스키가 사망함
1897	대수적 수론에 관한 보고서인 『정수론 연구』 발표
1899	『기하학의 기초』 출간. 이 책에서 유클리드 기하학에 대한 공리들을 예리하게 분석해서 대중적인 성공을 거둠
1900	파리에서 열린 국제수학자회의에서 23가지의 연구 과제를 발표해 세계적인 명성을 얻음
1909?	수학 분석학과 양자역학에 유용한 개념인 무한차원공간(후에 힐베르트 공간으로 불림) 연구의 기초를 닦음. "모든 n에 대해 임의의 양의 정수는 일정한 개수의 n제곱수들의 합과 같다."는 정수론의 가정을 증명함
1930	정년퇴직. 쾨니히스베르크 시의 명예시민으로 선정
1939	스웨덴 아카데미의 미타그 레플러상을 프랑스 수학자 에밀 피카르와 공동 수상
1943	사망

헤르만 민코프스키
Hermann Minkowskii

평생의 벗

쾨니히스베르크는 아름다운 성과 다리가 있는 프로이센의 오래된 도시이다(지금은 소비에트 최대의 해군 기지인 칼리닌그라드가 됐다). 이곳에서 프로이센 왕 빌헬름 1세가 대관식을 거행한 다음 해에 어느 재판관의 집에서 힐베르트가 태어났다. 비스마르크가 총리가 된 해로, 독일 제국으로 향하는 발걸음이 시작된 때였다.

힐베르트는 어릴 때 그다지 수재는 아니었다. 훗날 힐베르트는 나중에 수학만 하게 됐기 때문에 어릴 때는 수학을 하지 않았다고 말했다. 그는 1880년 18세에 쾨니히스베르크 대학에 들어갔고, 그곳에서 평생의 벗인 천재 소년 민코프스키와 만났다. 러시아 태생의 유대인 민코프스키는 프로이센-프랑스 전쟁 후에 쾨니히스베르크에 왔다. 유대인은 차별을 받았지만 그는 특별히 천재성을 인정받았다. 힐베르트보다 2살 연하였지만 1년 상급생이 되었다. 그리고 2년 후에 수론 문제로 파리 과학 아카데미상을 받았을 때 민코프스키의 나이 겨우 18세였다. 1884년에는 25세의 젊은 유대인 조교수 후르비츠(Adolf Hurwitz)가 왔다. 그는 힐베르트보다 3살 연상이었다. 3명은 항상 사과나무 그늘에서 수학에 관한 이야기를 했다. 그들이 선택한 수학 교수는 파이(π)의 초월성을 증명하고, 그 후의 일생을 페르마의 문제에 바친 린데만(Carl L. F. von Lindemann)이었다.

힐베르트는 20대에 불변식론 연구에 몰두했다. 그리고 23세 때 괴팅겐으로 옮기기 직전 라이프치히의 클라인에게 갔다. 클라인은 36세였지만 독일 수학계에 군림하는 '제왕'이었다. 클라인은 힐베르트의 나이에 이미 에를랑겐 대학의 정교수가 되어 있었다. 그 후 힐베르트는 20대 후반을 파리의 에르미트, 에를랑겐의 고르단(Paul A. Gordan) 등 당시의 불변식론의 대가들을 만나는 데 소비했다. 26세 때는 구성적으로 계산하지 않고 기저의 존재를 증명하는 '힐베르트의 기저 정리'에 도달했다. 고르단은 그것을 보고 "이것은 수학이 아니다. 신학이다."라며 한탄했다고 한다. 이 청년은 구체적인 계산 대신 추상적인 이론을 구사하는 20세기 수학의 특성을 이미 익혔던 것이다.

이 무렵 힐베르트는 쾨니히스베르크 사교계에서 춤을 잘 추는 청년으로 알려져 있었다. 29세 때 취리히 대학으로 옮긴 후르비츠의 후임이 됐고, 다음 해에는 사교계에서 케테를 만나 결혼한다. 다음 해에는 자리를 옮긴 린데만 교수의 뒤를 이었고, 자신의 자리에 민코프스키를 불렀다. 민코프스키는 이 시기에 천재적인 착상으로 『수의 기하학』을 썼다. 그 이전에 힐베르트가 여러 나라를 돌아다녔을 때, 그는 본 대학에서 헤르츠(Heinrich R. Hertz)의 영향을 받아 물리학에 몰두했지만 헤르츠가 죽은 뒤에는 다시 수론으로 돌아왔다.

그러나 얼마 후 힐베르트는 클라인이 부르자 괴팅겐 대학 교수가 되어 쾨니히스베르크를 떠났다. 그의 나이 33세 때였다. 이 무렵 그는 연구 주제를 불변식론에서 대수적 정수론으로 바꾸어 심혈을 기울였다. 그 결과 유명한 『정수론 연구』(1897)로 결실을 맺었다. 당시 민코프스키는 가장 좋은 상담 상대였지만 결혼하기 위해 취리히에 가 있었다. 그

▶ 세계 각국에서 모인 수학자들. 탁자 왼쪽에 힐베르트가 앉아 있다.

리고 다음 해에 힐베르트는 20세기 수론 과제인 '상대 아벨 체론'의 구상을 완성하고자 했다.

힐베르트는 30대 후반을 넘어서도 왕성하게 활동했는데 대부분 1년 주기로 완전히 다른 주제를 강의했다(그 때문에 예전에 자신이 만든 이론을 잊어버렸다). 힐베르트는 기하학의 기초, 변분법, 퍼텐셜론 등을 통해 20세기를 힘차게 열어 젖혔다.

『기하학의 기초』(1899)는 20세기의 공리주의자들에게 새로운 시대를 열어주었다. 그리고 1900년 파리 국제회의

힐베르트 & 민코프스키

•

235

에서 발표한 23개의 문제로 20세기를 규정했다.

1902년, 힐베르트는 민코프스키를 괴팅겐으로 불렀다. 그는 힐베르트처럼 역사를 바꾸지는 못했지만 천재 기질이 다분한 수학자였다. 민코프스키는 강의할 때 사색(四色) 문제에 접근했는데 "이것은 무능한 수학자가 만들었기 때문에 풀지 못했다. 지금부터 증명을 생각할 것이다."라며 칠판을 향했다. 물론 풀지 못하고 다음 주에도, 그 다음 주에도 계속 반복했다. 한 달 정도 지나 어느 번개 치는 날 "신이 나의 자만을 혼내려나 보다."라며 어깨를 으쓱하고 그제야 포기했다고 한다. 이 시기에 두 사람은 예전의 쾨니히스베르크 시절을 재현했다. 자전거, 스키, 하이킹, 그리고 무도회도 함께했다. 후년에 조수 란데(Alfred Landé)는 축음기를 너무 많이 사용한다며 불평했다.

두 사람은 특히 물리학에 열중했다. 민코프스키는 물리학에 통달했고 힐베르트는 완전히 무지했다. 취리히에 있을 때 민코프스키의 학생 중 '땡땡이치는 아인슈타인'(민코프스키의 말)이 상대론을 발표한 적이 있었다. 그런데 민코프스키는 "내가 가르쳐서 수학을 못하는구나."라며 민코프스키 공간 정비에 몰두했다. 두 사람은 전기역학을 중심 화제로 삼아 『공간과 시간』(1908)으로 정리했다. 그러나 그 다음 해에 민코프스키가 갑자기 맹장염으로 사망했다. 이에 힐베르트는 큰 충격에 빠졌다.

이후 『적분 방정식론』(1912)을 연구했다. 힐베르트 공간의 스펙트럼론이 발표된 후 커런트(Richard Courant)나 뇌터(A. Emmy Noether) 등 많은 젊은 수학자에게 둘러싸여 힐베르트가 있는 괴팅겐 대학은 세계 수학의 최고 정점에 달했다. 힐베르트의 댄스파티도 여전히 성대했다. 힐베르트는 제1차 세계대전 중에 "독일이 벨기에를 침범한 것은 사실이 아니다."라는 서명에 가담하지 않았는데, 이 일로 그는 자신의 공정함을 전 세계에 알렸다. 그러나 이제 돌아갈 곳이 없었다. 아들 프란츠는 조금 멍청했는데 힐베르트는 "내가 어렸을 때는 더 멍청했다는 말을 들었다."며 감싸주곤 했다. 하지만 프란츠는 21세 때 결국 정신과 의사의 도움을 받아야 했다. 그때 힐베르트는 53세였다.

전후에 패전국이 된 독일은 국제회의에 참가하지 못했지만 괴팅겐 대학은 세계의 중심이 됐다. 이곳에서 추상수학의 시대가 열렸다. 힐베르트는 수학의 기초에 몰두하기 시작했다. 20세기 초부터 젊은 체르멜로(Ernst Zermelo)의 이야기에 관심을 가졌지만 당시는 적분방정식에 매달렸다. 그는 '수학의 형식화'를 통해 '수학의 위기'에 맞섰다. "칸토어의 낙원에서 우리를 추방하는 것은 누구에게도 허락될 수 없다."는 말을 한 것이 이 시기다. 수학 기초론은 힐베르트의 프로그램에 따랐다. 그러나 10년 후에 괴델(Kurt Gödel)이 그 프로그램에 대해 비판적인 해답을 냈을 때는 조금 기분이 나빴다고 한다.

에커만과 함께 쓴 『수이론 이학의 기초』(1922), 커런트와 함께 쓴 『수리물리학의 방법』(1924)이 출간된 것은 60세가 넘었을 때였다. 그는 68세로 정년을 맞았고, 후임은 예전에 가르쳤던 바일(Hermann Weyl)이었다. 이 시기에 힐베르트는 노년에 달했지만 괴팅겐 대학은 최고 절정에 달해 있었다.

그러나 괴팅겐 대학의 전락은 급속히 찾아왔다. 힐베르트가 70세가 되고 얼마 후 히틀러가 정권을 잡았다. 그리고 그의 주위에 있던 수학자는 아무도 없었다. 오로지 늘어난 것이라곤 군복뿐이었다.

그는 아내에게 쾨니히스베르크야말로 독일에서 가장 아름다운 곳이라고 주장하며 "내가 평생을 지낸 곳이기 때문에 그렇다."라고 했다. 그만큼 그에게 괴팅겐 대학은 50년 간의 꿈이었다. 실제로 전쟁이 나고 그가 80세였을 때 출간된 전기에는 그의 친구와 학생들 이름이 대부분 삭제됐다.

1943년 2월, 스탈린그라드에서 독일군이 항복한 지 보름 후에 힐베르트는 아내 케테의 품에 안겨 세상을 떴다. 그후 케테 또한 거의 시력을 잃어 2년도 살지 못했다. 그 무렵에는 프로이센의 오래된 도시 쾨니히스베르크도 전쟁으로 파괴되어 이름을 잃었다.

버트런드 아서 윌리엄 러셀
Bertrand Arthur William Russell

노벨 문학상을 받은 수학자

빅토리아 여왕 시절의 수상이었던 러셀 백작의 손자 버트런드 아서 윌리엄 러셀은 자유주의적 대귀족 집안에서 태어났다. 어릴 때 부모가 죽고 유니테리언인 할머니와 독일 여자인 가정교사 밑에서 자랐다. 빅토리아 여왕에게 하사받은 저택에서 나온 것은 15세에 기숙사에 다니면서부터였다. 그곳에는 방탕한 생활을 하던 피츠제럴드(Francis S. K. Fitzgerald)도 있었다.

18세에 케임브리지 대학에 들어간 뒤에는 정해진 엘리트 코스를 밟았다. 11살 연상의 화이트헤드(Alfred N. Whitehead)는 어릴 때부터 알던 사이였고, 수학의 지도자이기도 했다. 20세부터 케임브리지 '지적 비밀 결사'의 사도단에 들어가서 케인즈(John M. Keynes)나 스트레치(Lytton Strachey), 트리벨리언(George M. Trevelyan) 등의 친구를 만났다.

이 무렵에는 17세 때부터 여자 친구였던 5세 연상의 미국인 앨리스와 사귀고 있었다. 할머니는 그들을 떼어놓으려고 러셀을 파리에 있는 영국 대사관으로 보냈지만 결국 두 사람은 결혼했다. 그의 나이 22세 때였다. 그러나 얼마 후 결혼이 실패했음을 깨달았다.

다음 해에는 『기하학의 기초』(1897)로 케임브리지의 교수가 됐고 베를린에 유학도 갔다. 그의 연구 주제는 독일의 사회 민주주의였다. 이곳에서 베벨(August Bebel), 리프크네히트(Karl Liebknecht)의 형과 사귀기도 했다. 다음 해에 자신의 저작 「독일 사회 민주주의」로 런던 대학에서 첫 강의를 했다.

19세기의 영국 '순수 수학'의 전통 중 하나는 수학의 초등적 부분의 기초를 세우는 것이었다. 그것은 불(George Boole)의 시대에 대중 교육의 시점과 관련이 깊었고 칸토어나 그라스만의 영향도 받아서 20세기 초의 '수학의 위기'와 맞닥뜨리게 되었다.

1900년, 파리 국제 철학회에 28세의 러셀과 39세의 화이트헤드도 참가했다. 10년 후에 『수학의 원리』 제1권이 발간될 때까지 두 사람은 수리 논리학에 몰두했다. 러셀과 앨리스는 실질적으로는 부부 관계를 거의 끝낸 상태였고, 반대로 화이트헤드 부인은 남편의 건강을 걱정했다. 러셀은 30세 때 유명한 '러셀의 역리'를 제기하고 6년 후에 타입의 이론으로 그 수합에 성공했다.

1900년 영국에는 보어 전쟁이 한창이었다. 이듬해 러셀은 전쟁 지지에서 전쟁 반대로 돌아섰다. 35세 때는 부인 참정권론자로서 하원에 입후보했지만 참패했다. 수리논리학에 한 획을 그었을 때는 평화주의자인 모렐의 살롱에 드나들곤 했다.

파리 대학에 강의하러 가는 도중 런던에서 모렐 부인인 오틸라인과 만났을 때 러셀의 나이는 39세였다. 그녀와 연애를 시작하면서 앨리스와 별거에 들어갔다. 그는 제1차 세계대전이 시작되자 행동적인 반전주의자들과 사귀었다. 그리고 맬리슨 부인인 코레티와 정사(情事)를 나누는 밤, 체펠린이 화염 속에 휩싸인 모습을 창문 너머로 보았다. 그 후 러셀은 맨스필드에게 오틸라인의 험담을 듣고 마음을 안정시키기도 했다.

이때 러셀은 43세였지만 다음 해에는 징병 반대 운동 때문에 케임브리지에서 쫓겨나 46세 때 투옥됐다. 그러나 형이 힘을 써주어서 융단 깔린 특별 감옥에서 지냈다. 요금을 청구하러 온 형무소장에게 "체납하면 어떻게 됩니까?"라고 묻기도 했다. 그는 특별실에서 『수리철학 입문』(1919)을 썼다. 코레티는 물론 아직 관계가 지속됐던 오털라인도 면회하러 왔지만 불쌍하게도 그녀는 금방 발광했다.

전쟁이 끝나고 러셀이 감옥에 있을 때 질투로 심사가 뒤틀린 코레티 대신에 새 연인 도라가 생겼다. 1920년, 48세의 러셀은 새 러시아를 방문했다. 도라가 그를 쫓아왔지만 결국은 엇갈렸다. 러시아에 다녀온 뒤 러셀은 레닌을 싫어하게 되고 도라는 레닌의 팬이 됐다. 그해에 베이징 대학에 가게 됐을 때 러셀이 내건 조건은 도라를 동반한다는 것이었다.

다음 해에 귀국하던 도중 일본에도 들렀다. 일본인 중에서 마음에 든 사람은 이토 노에(伊藤野枝)뿐이었다고 한다. 일본의 신문이 중국에 체재하고 있던 그를 두고 '러셀 사망'이라는 오보를 흘렸기 때문에 러셀은 "죽은 사람은 기자 회견에 응하지 않는다."라고 대답했다. 카메라 플래시에 화가 나서 기자를 쫓았지만 그것은 도라가 유산할까 봐 걱정했기

▶ 노벨 문학상(1950)을 받고 저녁 만찬에 참석한 러셀

때문이었다. 이후에 앨리스와 정식으로 이혼하고 도라와 결혼했다.

50세에 비로소 처자식을 갖게 된 러셀은 하원에 또다시 낙선한 후 문필가로 활동하며 글을 썼다. 하지만 본인이 쓴 '사망 기사'에 남긴 업적은 수학뿐이었다. 그는 자신을 '오래된 합리주의적 천박함을 기지 있는 문체로 기만한 작가'라고 규정했다. 의외로 이것은 진심이었다. 그는 수많은 저작보다는 실생활로 '사상'을 이야기한 사상가였다. 『수학의 원리』를 쓴 시절에 케임브리지에서 러셀의 제자였던 사람들은 철학자 비트겐슈타인(Ludwig J. J. Wittgenstein)과 시인 엘리엇(Thomas S. Eliot), 수학자 위너 등이다. 그들은 러셀의 영향을 꽤 받았다고 한다. 러셀이라는 인간 자체의 '문화'에 영향을 받은 것은 아니었을까? 그렇게 보면 역리나 타입의 이론도 '수학'이라기보다는 '문화'로서의 의미가 더 클 수도 있다.

50대 후반부터는 교육을 겸해서 도라와 함께 자유주의적인 실험학교를 시도했다. 그러나 이 학교의 역사는 러셀과 도라의 '가정'과 '교육'에 대한 자유주의적 이념이 현실에서 붕괴되는 역사이기도 했다. 『자유와 조직』(1934)을 집필할 때 비서 패트리샤와 바람을 피우다 들켜 도라가 고소하여 이혼했다. 도라와의 사이에서 낳은 네 아이 중 두 명은 러셀을 아버지로 인정하지 않았다. 그리고 세 번째 결혼을 했는데 64세 때 일이다.

제2차 세계대전이 일어나기 한 해 전에 러셀과 패트리샤는 미국으로 건너갔다. 그리고 전처 자식 두 명을 불러 대학에 다니게 하면서 캘리포니아 대학에 머물렀다. 그러나 뉴욕 대학으로 전임하는 일이 '도덕가'들의 반대로 무산되고, 길거리를 전전긍긍하다 반스 재단에서 강의를 맡았다. 그때의 강의가 나중에 『서양 철학사』(1945)의 밑거름이 됐다. 이때 반스는 "러셀을 사랑한 아내와 러셀이 사랑한 개와 살고 있다."
는 말을 했다고 한다. 반스는 르 코르뷔지에(Le Corbusier)가
그의 화랑을 보고 싶다고 하여 날짜를 정했는데, 르 코르뷔
지에가 다른 날은 안 되겠냐는 편지를 보냈더니 봉투를 뜯지
도 않은 채 봉투에 욕을 써서 반송했다. 물론 러셀과도 잘 지
내지 못하고 해직, 소송 등 소란을 피웠다. 러셀은 옛날에 알
던 아인슈타인을 찾아가 괴델과도 만났지만 그와도 잘 맞지
않았다.

이렇게 미국에서도 살기 어려워지자 그는 72세 때 케임
브리지로 복귀했다. 제자 비트겐슈타인을 포함하여 많은 반
대자가 있었지만 1944년 미군의 노르망디 상륙에 앞서 러
셀 일가는 대서양을 건넜다.

전후에는 노동당 정부와 유착하여 상원의원으로서 완전
히 체제파로 받아들여 문화훈장과 노벨 문학상을 받았다. 80
세에는 별거 중이었던 패트리샤와 이혼하고 미국 작가인 이
디스와 네 번째 결혼을 했다. 그리고 최초의 단편 소설집 『교
외의 악마』(1953)를 출간하여 마지막 활동을 시작했다. 때마
침 세계는 냉전 시대였다. 그는 지금까지 80년 동안 철학자로
살아왔기 때문에 앞으로 80년은 소설가로 살 것이라고 했다.

러셀은 1954년 비키니 섬에서 일어난 수소 폭탄 실험을 보고 원자 폭탄과 수소 폭탄의 사용 금지를 주장했고, 1955년에 퍼그워시 회의에도 참석했다. 1957년에는 흐루시초프와 아이젠하워에게 공개장을 보냈다. 1962년의 쿠바 위기 때 흐루시초프와 케네디에게 전보를 친 것과 같은 행동이었지만 압권은 1961년의 비합법적인 직접 행동이었다. 그는 100명의 위원회를 결성하여 위원장으로서 국방성에 시위를 하다 체포됐고, 10월에는 트라팔가 광장에서 시민 불복종 운동의 대집회를 이끌었다. 또 12월에는 핵병기 기지에서 시위를 일으켰는데, 그때 나이 87세였다.

90대에는 베트남 반전 운동에 힘썼다. 1963년에 평화재단을 설립했고 1965년에는 미국 제국주의를 탄핵하는 데 앞장섰으며, 1967년에는 사르트르 등과 베트남 법정까지 갔다. 이 시기에 러셀은 1세기 동안의 전 세계 지식인이 등장하는 『자서전』(1967~1969)을 집필하는 일 이외에는 모두 베트남 정책에 앞장서 활동했다. 1970년, 96세의 나이로 사망했는데, 중근동 위기에 앞선 성명이 그의 마지막 글이었다. 하지만 그 후에도 베트남의 딸들은 B52가 불타는 모습을 바라보아야 했다.

스리니바사 라마누잔
Srinivasa Ramanujan

1887	남인도의 작은 마을에서 출생
1902	G. S. 카의 『순수 수학 요람』을 독학
1903	쿰바코남 대학에 입학. 수학 이외의 과목에서 모조리 낙제하여 1학년 때 퇴학당함
1911	「베루누이 수의 여러 가지 성질」이라는 논문이 인도 수학회지에 실림
1914	G. H. 하디 교수가 케임브리지로 초빙
1918	런던 지하철에서 자살을 기도했으나 미수에 그침. 영국 왕립학회 회원으로 선출
1920	사망

여신 나마기리의 은총

　제1차 세계대전 전야인 1913년, 케임브리지 대학의 하디 교수는 마드라스 항만 신탁 사무소에서 회계부 하급 직원이라는 자칭 23세(진짜는 25세)의 청년에게 편지를 받았다. 대학을 중퇴한 인도 청년이 보내온 편지에는 120개의 수학 공식이 있었다. 그 일부분은 고급스럽지만 알려지지 않은 것이었고, 다른 일부분은 짐작이 가는 것이었다. 그러나 그 중 몇 개는 완전히 새로운 형식이었다. 하디는 이 정도의 기교로 도작이나 사기를 칠 정도라면 머지않아 대수학자가 될 것이라고 했다.

　이 인도 청년이 바로 라마누잔이다. 그는 양복점에서 회계를 맡고 있는 바라문계의 집에서 나마칼 마을의 여신 나마기리에게 기도하여 태어났다. 여신이 내려준 아이인 만큼 어릴 때부터 재능이 뛰어나다는 소문이 자자했다. 16세에 쿰바코남에 있는 국립대학에 들어갔다. 이 무렵부터 고풍스러운 『수학 노트』에 사로잡혔고 여신이 꿈속에서 수학을 가르쳐주기 시작했다고 한다. 믿을 수 없는 이야기지만 어쨌든 꿈속에서 생각하고 아침에 침대 위에서 공식을 써 내려가는 것이 라마누잔의 평생 습관이었다. 때로는 여신이 실수를 했는지 잘못된 공식을 쓰기도 했지만 대체적으로 올바른 공식이었다. 그중에는 지금도 '라마누잔의 예상'이라는 미증명 공식도 있다.

그는 수학과 여신만 만났기 때문에 영어는 잘 못했다. 그래서 장학금을 놓치고 대학을 그만둔 채 마드라스 부근을 어슬렁거리면서 『수학 노트』 한 권에만 의지하여 공부했다. 21세에 결혼한 후에는(내가 읽은 전기에는 아내에 관한 이야기가 없었지만 인도에서 여성의 결혼을 12세 이상으로 제한한 점으로 보아 라마누잔이 소년 시절이었기 때문에 12세 이상이었다는 것은 확실하다) 가정을 꾸려나가야 했다. 그래서 수학 애호가인 마드라스의 세관원 라오 씨의 도움으로 항만 사무소 일을 하기 시작했다. 이때 친구에게 영어로 편지를 써 달라고 하여

▶ 라마누잔의 졸업 사진 가운데 선 라마누잔과 맨 오른쪽에 있는 하디 교수의 모습

하디에게 보냈다. 국민회의의 스와라지 운동이 일어난 때는 결혼 전의 라마누잔이 마드라스 부근을 어슬렁거리고 있을 무렵이었다.

하디는 편지를 읽고 라마누잔의 자질을 발견하여 그를 케임브리지로 부르려고 했다. 하지만 라마누잔의 어머니는 이를 반대했다. 그러던 어느 날 어머니의 꿈에 나마기리의 여신이 나타나서 영국행을 권했기 때문에 라마누잔은 전쟁이 시작되기 전에 영국에 갈 수 있었다. 그러나 여신은 또 실수를 한 것 같다. 환경이 변화하자 라마누잔은 갑자기 결핵에 걸려 젊은 나이로 세상을 뜨고 말았다.

라마누잔을 맞이한 하디는 모든 게 흥미로웠다. 18세기의 수학자가 '계산 바보'라면 20세기의 수학자는 '증명 바보'라는 말이 있다. 현대의 아카데미즘은 '사실'보다는 사실인 것을 '증명'하는 데 흥미가 있었다. 따라서 정규적으로 이론을 세우고 증명을 완성해야 했다. 그러나 25세의 인도 청년 라마누잔은 18세기에서 타임 터널을 지나 영국에 상륙했다. 하디는 그에게 정규 교육을 시키는 것은 오히려 그의 '수학'을 빼앗는 일이 될 거라고 예상했다. 그래서 하디는 지금처럼 라마누잔이 나마기리 여신의 신탁을 계속 받고 증명의 고통을 받아들이는 길을 선택했다.

이 점에 관해 현대의 수학자들이 받아들이는 점은 미묘하다. 아카데미즘의 공적인 평가는 '증명'이었기 때문에 하디는 라마누잔의 단물을 빨아먹었다는 오해를 받기도 했다. 그러나 하디는 이미 당시 영국에서 최고 지성인 중 한 사람이었으며, 그렇게 치사하고 구차한 사람은 아니었다. 그는 낯선 본 적도 없는 인도인의 공식을 조사하다니 참 별난 성미라는 말도 들었다. 게다가 30세의 라마누잔을 명예로운 왕립학회 회원으로 만든 사람도 하디였다(뉴턴이 왕립학회 회원이 된 것도 30세 때였다). 옥스퍼드 천으로 된 하늘하늘한

바지를 입은 무신론자는 크리켓에 미쳐서 논문을 가득 채운 가방과 우산을 안고 크리켓을 구경하러 갔다. 하디는 매일 신이 심술을 부려 그가 수학을 하지 못하게 좋은 날씨가 계속되기를 바랐다.

문제는 라마누잔이었다. 증명 없는 공식은 수학이 아니라며 억지를 부리는 사람도 있었지만 어쩌면 현대의 수학자들은 속으로 18세기처럼 '사실'이 가치를 지닌 시대를 동경하고 있었을지도 모른다. 그러나 라마누잔은 나마기리의 여신이 꿈에 나와 주었기 때문에 어쩔 수 없이 수학다운 증명에 파묻힐 수밖에 없었다. 히피가 크리슈나의 제사에 품은 감정을 현대의 수학자는 라마누잔에게 가졌다. 그것은 허무한 꿈이었지만 적어도 20세기에도 라마누잔과 같은 수학자가 있었다는 사실은 현대인으로서 일종의 구원 같다는 생각도 든다.

케임브리지에서도 그는 엄격하게 카스트 계율을 지켰다. 채식을 했으며 인도식 복장을 하지 않으면 식사도 하지 않았다. 전시 중에 있던 영국의 난방 설비를 생각하면 인도식 복장은 너무 추웠고, 추운 지방에서 채식만 하면 칼로리가 부족했다. 인도 요리에는 향신료와 기름을 많이 쓰는데 그것도 부족했을 것이다. 저칼로리 샐러드는 금발 아가씨에게는 미용식일지 모르지만 결핵에 걸린 인도 청년에게는 맞지 않았다. 그래서 29세 때부터 요양소에서 살게 됐다.

문병 온 하디가 자신이 타고 온 택시 번호가 1729로 평범한 숫자라고 말했을 때, 라마누잔은 눈을 빛내며 "1729=1^3+12^3=9^3+10^3, 이렇게 두 가지 세제곱으로 분해할 수 있는 최초의 수."라고 했다. 하디가 네제곱으로도 그런 숫자가 있냐고 묻자 라마누잔은 잠시 생각하더니 있어도 너무 커서 모르겠다고 했다.

1918년 전쟁이 끝나고 다음 해에 31세의 라마누잔은 인도로 돌아갔다. 전쟁 기간을 영국에서 보낸 것이다. 인도에서는 간디가 불복종 운동을 일으켰다. 그러나 라마누잔은 오래 살지 못했다. 나마칼 마을로 돌아간 지 1년 후에 그는 여신의 곁으로 갔다.

나는 지금도 인도인은 마술을 부린다는 말을 믿고 있다. 언젠가 이름도 매우 비슷한 라마나단이라는 수학자가 일본에 온 적이 있었는데, 그도 철저한 채식주의자였다. 그래서 리셉션 때 음식 때문에 꽤나 고생을 했다. 그때 나는 조수를 맡아 강연을 들으러 갔다. 강연 시간이 부족한 것 같아 라마나단은 조금 안절부절못했는데, 그때 갑자기 강연장 정면의 전기 시계가 15분 정도 반대로 회전했다. 강연이 끝난 뒤 옆에 있던 동료에게 조심조심 내가 본 것을 이야기하자 그는 이렇게 말했다.

"아, 다행이다. 나만 본 줄 알았어."

노버트 위너
Norbert Wiener

1894	출생
1906	터프츠 대학에 입학하여 1909년에 수학 학사 학위를 받고 졸업
1913	하버드 대학에서 수리논리학 논문으로 박사 학위를 받음
1919	매사추세츠 공대(MIT) 수학과 전임강사로 임명됨. 이후 은퇴할 때까지 MIT 교수로 재직
1926	마거릿 엥거먼과 결혼하여 두 딸을 둠
1933	국립 과학 아카데미에 선출. 미국 수학학회에서 5년마다 수여하는 보셔상을 받음
1935	1년 동안 중국을 여행
1949	움직이는 표적을 향하도록 포를 겨냥하는 포격관제를 연구해서 『보외법, 보간법, 그리고 정시계열 보정』을 발표. 이 연구를 통해 인공두뇌학 개념을 세움
1951	풀브라이트 강사로 일하며 파리에 체류
1955~1956	인도 캘커타를 여행
1964	린던 B. 존슨 대통령이 국립 과학 메달을 수여함. 스웨덴에서 사망

나는 유대인이다

위너는 분명 신동이었다. 3세 때부터 책벌레였고 7세 때 성인 수준의 독서를 했다. 9세 때 고등학교에 들어갔고 14세 때 대학을 졸업했다. 그리고 18세 때 하버드 대학에서 학위를 땄다.

하지만 9세의 꼬마가 고등학교에 들어간 모습을 상상해 보라. 게다가 근시가 심해 모든 것이 매우 서툴렀다. 대학을 졸업한 다음 해(그래도 아직 15세였다)에 자신이 유대인이라는 사실을 처음으로 아버지에게 들었다. 독일 출신에다 미국의 지적 엘리트가 누리는 생활 환경, 거기에다 유대인 차별 의식마저 갖고 있었으니 대단한 충격이었을 것이다.

아버지는 하버드 대학에서 슬라브어를 가르치는 교수로

서 자신이 공들여 키운 신동을 매우 사랑했다. 후에 위너는 자서전에 버코프가 보스인 척하는 것과 반유대주의에 대한 험담을 썼다. 하지만 버코프가 위너에게 악의를 가진 계기는 위너의 아버지가 자신의 아들을 지나치게 자랑하는 모습 때문이었다고 한다. 위너는 아버지를 조물주로 여겼다. 그의 자서전 『나는 수학자이다』(1956)도 신동 콤플렉스가 중심이 되어 만들어졌다. 그는 아버지가 지적 엘리트였기 때문에 전 세계에 이미 알려져 있었다. 그런 이유로 위너는 어디를 가도 과대평가를 받았다.

학위를 딴 다음 해에는 아버지를 따라 케임브리지에 있는 러셀에게 가서 추천을 받아 하디의 르베그 적분(완성된 지 10년으로 형태가 정리됐을 때였다)에 대한 강의를 들었다. 그다음 해에는 괴팅겐으로 옮겨서 힐베르트나 란다우(Edmund Landau)와 같이 후설(Edmund Husserl)의 강의를 듣고 러셀에게 보고했다. 1914년 제1차 세계대전이 일어나자 어쩔 수 없이 미국으로 돌아왔다.

처음에는 뉴욕 콜롬비아 대학에 있었지만 전혀 흥미를 못 느껴 카드게임만 하며 세월을 보냈다. 다음 해에는 하버드에서 강의를 하고 버코프와 적대 관계가 됐다. 어릴 때의 신동도 벌써 22세가 됐지만 그 명성에 걸맞는 실력을 보여주지 못했다. 그는 영화와 카드게임에만 몰두하다 결국 미국 수학계 주류에서 소외됐다.

그 후 취직 알선소 소개로 메인 대학에 들어갔다. 그러나 이것도 원해서 간 것이 아니었기 때문에 그는 굴욕감을 느꼈다. 이후 미국이 참전하자 군에 지원하지만 근시였기 때문에 제너럴일렉트릭사의 전기공이 됐다. 이후 아버지의 보살핌으로 백과사전을 편집하거나 아바던 시험사격장에서 사정표를 제작하고 프리랜서 신문기자 등의 일을 했다. 그때가 1919년으로 25세였다. 그리고 전쟁이 끝났다. 신동 콤플렉스를 가진 유대인의 비뚤어진 심성으로 이것저것 직업을 바꿨지만 3년 동안 한 일을 돌아보면 사이버네틱스(cybernetics)*의 이미지를 엿볼 수 있다.

이후 25세 때 매사추세츠 공대(MIT)의 강사가 됐지만 자서전에는 MIT가 삼류 기술자를 양성하는 대학이며 일주일에 20시간이나 수업을 했다고 써 있다. 또 돌봐준 오스굿을 험담하는 등 상당히 심기가 뒤틀려 있었다. 그래도 찰스 강

---

* 생물 및 기계를 포함하는 계(系)에서 제어와 통신 문제를 종합적으로 연구하는 학문

▶MIT에서 강연 중인 위너

의 물결을 바라보다 브라운 운동에 초점을 맞추어 위너 과정을 연구하기 시작했다. 다음 해에는 케임브리지를 경유하여 파리에 가서 프레셰(Maurice R. Fréchet), 레비(Primo Levi)와 이 문제를 논했고 아다마르(Jacques S. Hadamard)에게 인정을 받았다.

미국의 권위자들과는 사이가 안 좋았지만 프랑스의 권위자들과는 매우 잘 지냈다. 독일의 권위자들과도 별로 잘 지내지 못했다. 귀국 후에 켈로그의 시사를 통해 퍼텐셜론을 시작했을 때 켈로그나 버코프학파의 적의에 전투적으로 맞섰다. 몇 년 후 괴팅겐에서 미국의 원조를 기대한 쿠란트가 버코프에게 사양하고 위너에게 차갑게 대했다고 한다.

그의 말에 따르면 아버지가 독일 사상을 가지고 있고 유대인 지성과 미국 정신을 겸비했다고 규정됐기 때문에 유대인 콤플렉스의 영향으로 독일과 미국에 비뚤어진 적의를 나타냈던 것 같다. 그러나 프레셰 밑에 있었을 때 바나흐 공간의 공리를 언급했다. 이것을 '바나흐-위너 공간'이라고 이름 붙였다고 자서전에서 이야기한 부분은 치기어린 성격에서 탈피한 느낌이었다.

위너는 MIT의 전기 공학자들과 협동하여 퍼텐셜론을 연구했다. 이 무렵 버코프 일파와 적대하여 거의 정신 착란 증세를 일으켰다. 결국 미국 수학계의 이단을 자처했다. 이때 마음으로 의지한 사람이 젊은 대학 강사 마거릿이었다. 그녀는 후에 위너의 아내가 됐다. 20대 후반에는 거의 매년 유럽으로 가서 괴팅겐에서 쿠란트와 교류하기도 했다. 32세 때 이탈리아로 신혼여행을 간 와중에 타우버형 정리도 생각해냈다.

1930년, MIT 학장으로 콤프턴(Arthur H. Compton)이 선출됐다. 그리고 위너의 실적을 바탕으로 이학과 공학의 종합으로서 MIT의 이념이 출발했다. 버코프 밑으로 온 호프와 '호프-위너 방정식'을 논하기도 했다. 30대 후반은 '수학자' 위너로서 수확의 결실을 맺은 시대였다. 젊은 페일리는 위너의 푸리에 적분 강의를 듣고 매료됐으며, 그 강의는 『푸리에 적분과 응용』(1933)으로 출간됐다. 페일리는 위너의 뒤를 이어 스키를 짊어지고 MIT에 왔지만 필사적으로 스키를 타다 25세 때 사망했다. 그래서 『복소영역에서의 푸리에 변환』(1934)은 페일리와 공저로 발간했다. 전쟁 전날 밤, 칭화 대학에 가서 예전에 학생이었던 전기 공학과의 이(李)와 사이버네틱스에 대해 이야기를 나누었다. 그리고 아다마르와 동료가 되어 돌아오는 배에서는 또 카드게임만 했다. 이때 생리학자와도 교류했다.

또한 이 시기는 독일에 대한 위너 부자의 환상이 깨진 히틀러의 시대였다. 미국에 유입되는 유대인 망명자들과 열렬하게 연대하는 한편 호프처럼 유대인이 빠져나간 자리를 대신해 독일로 역류하는 수학자를 냉정하게 바라보았다. 그때는 40대 초반의 정서 불안정한 시기였고, 심한 노이로제에 걸려 정신 분석을 받기도 했다.

47세 되던 해에 미국은 제2차 세계대전에 가담했다. 그는 제1차 세계대전 때에 이어 다시 탄도 문제에 관여했다. 이번에는 시대가 성숙했고 계산기와 자동화가 관심을 불러 일으

▶ 『사이버네틱스』 표지에 실린 위너

컸다. 이진법을 사용하여 디지털적으로 계산해야 하는 것과
그것에 전자회로를 이용해야 하는 것 모두 위너의 아이디어
였다고 한다. 이것은 제이와 에측의 이론을 결합한 것으로,
체스와 카드게임의 1인자였다는 멕시코의 신경생리학자 로
젠블루스와 협동하여 신경계와 기계계에 공유되는 구조에
도전했다. 이에 MIT에서 위너의 학생이었던 벨 전화 연구소
의 섀넌(Claude E. Shannon)의 정보 이론이 얽혔고(여기에서
도 그는 '섀넌-위너 정보량'이라고 했다), 통신 공학이 기반이 됐

다. 이렇게 해서 『사이버네틱스』(1948)가 완성됐다.

이 책은 전후에 위너가 파리에 갔을 때 『부르바키 (Bourbaki)』*를 출판했던 플레이먼과 의기투합한 산물로, 의외로 세계적인 베스트셀러가 됐다. 그래서 50대 후반부터 70세에 사망할 때까지 위너는 이 책의 인세로 세계를 돌아다녔다.

러시아에는 위너와 함께 브라운 운동에서 정보 이론까지 모든 부분에서 거의 같은 문제의식을 가진 콜모고로프가 활동했고, 그외에도 많은 사람이 있었다. 어떤 사람은 위너처럼 조잡하거나 난해하지 않고 정교하고 치밀하며 명쾌하기까지 했다. 위너의 이단성 때문에 '위너 불용론'도 있었다. 위너는 정리되지 않은 사실을 말하기도 했지만(그래서 뭐든지 그가 처음에 생각한 것이 되어 버린다) 꼼꼼하고 구체적인 수학적 사실을 확립하는 면도 있었다. 그래서 위너의 수학은 인정해도 과장은 인정하지 않는다는 아카데미즘파도 있다. 그러나 그가 "나는 수학자이다."라고 선언한 것은 '선

---

* 1930년대 '새로운 수학'을 하기 위해 프랑스에 모인 수학자들의 비밀모임. 앙드레 베유를 비롯해 명석하고 개성 강한 수학자들의 이 모임은 7,000페이지가 넘는 「수학 원론」 25권을 집필했다.

구자로서의 수학자'라는 의미였다. 위너의 개성이 없었다면 사이버네틱스는 연구소의 구석에 처박혀 있었을지도 모르고 현대에 알려지지도 않았을 것이다.

현대에 알려지는 것은 현대에서 정한 규정이기도 하다. 사이버네틱스가 나온 직후 옛소련에서는 '사이버네틱스는 부르주아 과학'이라는 주다노프(Andrei A. Zhdanov) 규정에 따라 탄압됐다. 미국에서는 매카시(Joseph R. McCarthy)가 공산주의자와 사회주의자를 추방하던 시대여서 유대 좌파인 위너는 공산주의 동조자가 아님을 자서전에 집요하게 썼다.

요한 루트비히 폰 노이만(존 폰 노이만)
Johann Ludwig von Neumann(John von Neumann)

1903	헝가리 부다페스트에서 출생
1915	프랑스 수학자 보렐의 함수론을 이해
1926	스위스 취리히 공과대학에서 화학 공학 학위를 받음. 부다페스트 대학에서 집합론에 관한 논문으로 수학 박사 학위를 받음
1930	프린스턴 대학 객원 교수로 있다가 이듬해 정식으로 교수가 됨
1932	통계수학의 '에르고드 가설'을 정확히 공식화하고 증명함. 『양자 역학의 수학적 기초』 출간
1933	새로 설립된 프린스턴 고등연구소에서 일생 동안 재직
1942	맨해튼 계획에 참여
1944	모르겐슈테른과 함께 쓴 『게임 이론과 경제 행동』 출간
1949	에드삭 고안
1957	암으로 사망

인간을 흉내낸 악마

노이만은 진짜 악마였지만 인간 안에 살면서 인간 흉내를 너무 잘 내다 보니 자신이 악마라는 사실을 잊어버렸다.

노이만이 골암으로 재기 불능이라는 소문이 돌았을 때는 1956년 헝가리 사태가 일어난 뒤였다. 그때 나는 홋카이도 대학의 조수 자리에 문제가 생겨 취직자리를 구하고 있었다. 아직 전성기의 여운이 남아 있던 터라 SSS* 집회에 얼굴을 내밀어 기관지 「수학의 발자취」의 원고를 부탁받았다. 나는 "노이만은 분명 낮에 탐정 소설을 읽고 있었는데 다음 날

---

* 1953년 도쿄 대학의 젊은 연구자들을 중심으로 한 수학 모임. 시무라 고로와 타니야마 유타카 같은 수학자들이 소속되어 있었다.

아침에 보면 완성된 논문을 들고 있었다. 아마 악마가 와서 썼을 것이다."라는 소문에 대해 썼다. 그런데 원고를 교정 보는 중에 그가 죽었다는 소식을 접했다. 그 바람에 원고는 "……죽음에 임박해 있다."에서 "……죽었다."로 바꿔 출간해야 했다.

노이만은 1903년 부다페스트의 대은행가 집안에서 장남으로 태어났다. '부다페스트 사회주의 학생 동맹'이 생긴 다음 해였다. 나중에 '사회주의 학생 동맹'에 속한 루카치 (György Lukács)도 유대계의 대은행가 집안 자식이어서 두 사람을 귀족을 뜻하는 폰(von) 노이만, 폰 루카치라고 불렸다. 그러나 1세대 위인 루카치가 헝가리 사건으로 이리저리 시달릴 때 노이만은 미국 측의 냉전 주인공으로 워싱턴 육군 병원에 있었다. 1919년 쿤(Béla Kun)의 헝가리 혁명 때 루카치는 입당했지만 노이만은 당시 15세 중학생이었다.

중학교 시절에 이미 신동으로 이름을 날린 노이만은 부다페스트 대학의 조수였던 페케테에게 개인지도를 받았다. 그와 함께 첫 논문을 쓴 것이 17세 때였다. 그 나이에 부다페스트 대학에 들어갔고 취리히와 베를린에도 유학했다. 당시 취리히에는 헤르만 바일이 있었다. 노이만은 취리히에서 화학을 연구했고, 만년에는 미국 산군학 공동체의 중심인물이 됐다. 기계를 잘 만져서 '기적 박사' 라는 별명도 붙었다. 22세 때 쓴 학위 논문은 집합론의 공리화로 노이만-베르나이스-괴델의 공리계라고 한다.

23세에 베를린 대학의 사립 강사가 됐다. 힐베르트 공간과 양자역학, 게임 이론의 기초 등 후년에 유명해진 논문을 이 시기에 쓰기 시작했다. 2년 후에 함부르크로 옮겼고 26세 때 미국 프린스턴 대학으로 갔다. 1933년은 히틀러가 정권을 잡고 유대인을 추방한 해였다. 이때 프린스턴에 고등연구소가 만들어져 망명 수학자를 받아들였다. 이후 노이만은 미국인이 되어 이름도 요한에서 존으로 바꿨다. 29세의 최연소 교수였다.

이 무렵 노이만은 융성했던 함수해석을 혼자 도맡아했다. 힐베르트 공간의 스펙트럼론은 작용소환론에 이르러 『연속기하』(1937)로 탄생했다. 그리고 동시에 『양자역학의 수학적 기초』(1932)는 물리학자에게 힐베르트 공간을 강제하게 했다. 또 콤팩트군이나 에르고드 이론 등 현대 함수해석의 모든 분야에서 활약했다.

노이만의 여러 가지 전설은 이 무렵부터 시작됐다. 엄청

▶ 컴퓨터 프로그램 내장 방식을 도입한 최초의 기억식 컴퓨터인 에드삭(EDSAC)

난 기억력으로 파티에서 항상 로마 시대의 일화를 이야기하며 기번(Edward Gibbon)의 『로마제국 쇠망사』를 전부 암송했다고 한다. 또 전화번호부를 쭉 보고 한 페이지에 있는 전화번호의 합계를 구했다는 이야기도 있다. '천재'에 굶주리고 있던 현대에 적합한 인물이었다.

그러나 당시에 함수해석은 추상 수학의 한 분야였다. 기초론에서 출발한 경력이 있어서 노이만도 꽤 '순수 수학자'처럼 보였다. 정리를 증명할 때 육체적 힘에 의존하는 일도 있었지만 이론 전개는 수학의 흐름에 따라 이론적 필연성을 추구했다.

그러나 1939년 제2차 세계대전이 시작되어 노이만의 다

작은 일시 정지했다. 노이만과 같은 '순수 수학자'가 탄도 연구를 했다고 전해지는데 실제로 35세 이후의 노이만은 군사 연구와 깊은 관계를 맺었다. '순수 수학'을 배신했다는 이야기도 있다. 전쟁이 계기가 됐을지는 몰라도 노이만의 자질 속에, 또는 '수학'의 자질 속에 세기 후반의 '수리과학'에 대한 싹이 자라고 있었나 보다. 이 시기의 충격파 연구는 제트기 시대의 전조였다. 지금은 비탄의 어조로 이야기되고 있지만 노이만은 '수학의 세기'를 대변하는 상징이었다.

1942년, 노이만은 로스 아라모스 원폭 연구소에 들어가 맨해튼 계획에 종사했다. 히틀러가 죽고 얼마 후 아바딘의 시험 사격장에서 노이만은 군수부의 장교가 된 골트슈타인(Eugen Goldstein)과 만나 최초의 전자계산기 에니악(ENIAC)에 관해 들었다. 노이만은 이것을 기초론의 '튜링(Alan M. Turing) 계산기'와 결합해 수학을 기계화한 프로그램 내장방식을 만들어냈다. 그리고 그의 두 번째 부인 클라라가 세계 최초의 프로그래머가 됐다. 그는 "세상에서 두 번째로 빠르게 계산하는 놈이 생겼다."라고 웃으며 말했다고 한다(첫 번째는 물론 노이만 자신이었다).

이 무렵 모르겐슈테른(Oskar Morgenstern)과 함께 쓴

『게임 이론과 경제 행동』(1944)을 발표했다. 전후의 수리 경제학의 융성과 '맥나마라(Robert S. McNamara)의 전쟁'을 초래한 문제의 책이었다. 그 후 노이만 덕분에 계산기는 필요한 데이터를 한없이 소화할 수 있게 됐다. '수학의 영광과 비참'이 시작된 이 해에 노이만은 40세였다.

이 책에서 그의 사교성을 충분히 알 수 있을 정도로 브리지나 포커 같은 카드게임과 탐정 소설을 언급하고 있다. 그는 포커보다는 브리지를 잘했다. 포커에서 얼마나 속임수를 써야 하는가 하는 문제가 그를 게임 이론에 정통하게 했다는 이야기도 있다.

1950년, 한국 전쟁이 시작됐고 매카시는 공산주의자와 사회주의자를 검거했다. 그 와중에 오펜하이머는 원자력 위원회에서 추방당했다. 노이만과 같은 헝가리 출신인 텔러(Edward Teller)가 제창한 수폭 계획에 애매모호한 태도를 취했기 때문이다. 수폭의 효율을 대강 계산하기 위해 페르미(Enrico Fermi)는 대형 계산자를 사용했고 파인만(Richard P. Feynman)은 정상적인 계산기를 돌렸지만 천장을 보고 암산한 노이만이 가장 빨리 정확한 답을 냈다. 2년 후에 에니웨톡의 작은 섬이 핵실험으로 인해 지구에서 사라지는데, 이것을 계산한 것이 노이만의 방식에 따른 계산기였다.

　노이만은 50세 때 프린스턴에서 워싱턴으로 옮겨 원자력 위원회에 들어갔다. 1954년, 한국과 인도차이나는 휴전하고 덜레스(John F. Dulles)의 냉전 정책이 시작됐다. 동시에 그는 ICBM(Intercontinental Ballistic Missile, 대륙간 탄도탄) 위원장으로 ICBM의 개발 효율(살인 효율)을 산정했다. 그리고 OK 사인을 냈다.

　그러나 오래 가지는 못했다. 만년의 연구는 미완성이었지만 '인간의 미래'에 대한 묵시적 고찰에 만족했다. 그것은 전자계산기와 관련하여 정보 전달과 신경, 그리고 자기 증식 기구에 관계된 것이었다.

　'노이만의 기계'는 동력과 원료가 제공되는 한 완전히 자신과 똑같은 것을 낳는다. 그리고 태어난 '자신'은 또 똑같은 '자신'을 낳는다. 이렇게 해서 '노이만의 기계'가 영원히 자라는 것이다.

　'튜링 계산기'는 노이만에 의해 현실적인 전자계산기가 됐다. '노이만의 기계'가 미래 인간의 악몽이 되는 날이 과연 올 것인가? 아니면 현대의 교육 속에서 부분적으로 실현될 것인가? 그것은 여전히 미지수이다.

맺음말

여기에 나오는 수학자는 대부분 특이한 사람들이다. 그들의 인생에 전설적인 면은 많지만 세속적으로 행복했는지는 나도 잘 모르겠다.

요즘 이공계 기피라든가 학력 저하 문제가 자주 거론되고 있다. 나는 개인적으로 이공계 기피 문제를 별로 걱정하지 않는다. 그보다 일단 이공계로 가면 그쪽으로만, 문과계로 가면 그쪽으로만 한 우물을 파게 될까 봐 오히려 그게 더 걱정이다. 인생이 한 편의 소설이라면 특이한 점이 많은 것이 확실히 재미있다. 게다가 인간이 꼭 정해진 길로만 가야 한다고는 생각하지 않는다. 인간은 변한다는 사실을 전제로 하지 않으면 교육의 개념 자체가 성립하지 않는다.

진짜 특이한 사람들의 시대가 올지 안 올지는 나도 잘 모르겠다. 21세기의 키워드는 안정보다 변화라고 하지만 이것도 잘 모르겠다. 이럴 때는 파스칼에게 한 수 배워보자. "나는 신이 존재하는지 존재하지 않는지 모르겠다. 만약 신은 존재하지 않는다는 쪽에 걸었는데 죽고 나서 신이 진짜 있다면 큰일이다. 반대로 신이 존재한다는 쪽에 걸었는데 죽고 나서 없다는 걸 알았다면 어쩔 수 없는 일이라고 생각하면 된다. 그러므로 신이 존재한다는 쪽이 이득이다." 이 논리에 따르면 특이한 사람과 변화에 거는 쪽이 이득일 것이다. 만약 신이 실제로 존재한다면 신을 믿은 대가로 여러분은 천국에서 영원히 행복한 삶을 누릴 수 있다.

　　수학자나 과학자에 대한 동경으로 그 길을 준비하는 일은 그리 만만치 않다. 그것은 마치 마오쩌둥이나 체 게바라를 동경하여 혁명가의 길을 걷겠다고 하는 것과 같다. 과거와 현재를 잇는 흐름 속에서 이 책을 읽었다면 무척 재미있었을 것이다. 나만의 생각이 아니라 이 책을 읽은 독자들도 그러했으면 하는 바람이다.

청소년을 위한 수학자 이야기

펴낸날	초판 1쇄	2008년 9월 4일
	초판 2쇄	2009년 6월 16일
	개정판 1쇄	2015년 1월 20일
	개정판 3쇄	2016년 10월 7일

지은이	모리 쓰요시
옮긴이	김경은
펴낸이	심만수
펴낸곳	(주)살림출판사
출판등록	1989년 11월 1일 제9-210호

주소	경기도 파주시 광인사길 30		
전화	031-955-1350	팩스	031-624-1356
홈페이지	http://www.sallimbooks.com		
이메일	book@sallimbooks.com		

ISBN 978-89-522-3030-0 43410

살림Friends는 (주)살림출판사의 청소년 브랜드입니다.

※ 값은 뒤표지에 있습니다.
※ 잘못 만들어진 책은 구입하신 서점에서 바꾸어 드립니다.

이 도서의 국립중앙도서관 출판시도서목록(CIP)은 서지정보유통지원시스템 홈페이지
(http://seoji.nl.go.kr)와 국가자료공동목록시스템(http://www.nl.go.kr/kolisnet)에서
이용하실 수 있습니다.(CIP제어번호: CIP2014033505)